G. F. Fuhrmann

Starthilfe
Pharmakologie

Starthilfe
Pharmakologie

Ein Leitfaden für Studierende der Medizin,
der Pharmazie und der Humanbiologie

Von Prof. Dr. Günter Fred Fuhrmann
Marburg

B.G.Teubner Stuttgart · Leipzig 1999

Prof. Dr. med. Günter Fred Fuhrmann

Geboren 1932 in Schackensleben. Studium der Medizin in München, Promotion 1960. Von 1961 bis 1963 Wissenschaftlicher Mitarbeiter am Max-Planck-Institut für Biochemie, München, Professor A. Butenandt. Von 1963 bis 1965 Wissenschaftlicher Assistent am II. Physiologischen Institut der Universität des Saarlandes, Professor H. Passow. Von 1965 bis 1967 Visiting Assistant Professor in the Department of Radiation Biology and Atomic Energy Project, The University of Rochester, USA, Professor A. Rothstein. Von 1968 bis 1977 Oberassistent am Pharmakologischen Institut der Universität Bern, Schweiz, Professor W. Wilbrandt. 1972 Venia Docendi für Pharmakologie. Von 1977 bis 1998 Professor für Pharmakologie und Toxikologie an der Philipps-Universität Marburg. 1979 Professor für Molekulare Pharmakologie des Membrantransportes. 1998 Ruhestand.

ISBN 978-3-519-00265-9   ISBN 978-3-322-87177-0 (eBook)
DOI 10.1007/978-3-322-87177-0

Die Deutsche Bibliothek – CIP-Einheitsaufnahme

Ein Titelsatz für diese Publikation ist bei
Der Deutschen Bibliothek erhältlich

Vorwort

Die Anregung, eine „Starthilfe Pharmakologie" zu schreiben, kam vom Verlag B.
G. Teubner. Für mich ist es reizvoll, auf der Basis langjähriger Lehrerfahrung
Studenten der Medizin, der Pharmazie, der Humanbiologie sowie interessierten
Naturwissenschaftlern in kompakter Form den Zugang zur Pharmakologie zu erleichtern. Das Verständnis für die Pharmakologie benötigt eine Reihe von Grund-
kenntnissen, die mit physikalisch-chemischem Wissen beginnen, mit Anatomie,
Physiologie und Biochemie die Voraussetzungen zum Verstehen des menschlichen Organismus schaffen und schließlich Pathophysiologie und Pathobiochemie
einschließen. Das heißt, daß die „Starthilfe Pharmakologie" vor allem Studenten
ansprechen soll, die schon einige der oben angeführten Kenntnisse besitzen.

Zur Pharmakologie gehört auch die Toxikologie, die sich nicht grundlegend von
der Pharmakologie unterscheidet. Beide Wissenschaften beschäftigen sich mit der
Wirkung von Substanzen auf den Organismus. Zuerst sind die toxischen Wirkungen wegen ihres oft tödlichen Ausgangs am deutlichsten aufgefallen. Wenn man
aber annimmt, daß solche toxischen Substanzen vom Arzt gemieden werden, so
ist das ein Irrtum. Zum Beispiel wird heute die am stärksten toxisch wirkende
Substanz, das Botulinustoxin aus *Clostridium botulinum*, als ein Medikament
eingesetzt. Im Prinzip besitzen auch alle Medikamente eine toxische Wirkung.
Diese Erkenntnis ist bereits sehr alt, denn schon vor 500 Jahren sagte Paracelsus:
„Alle Dinge sind ein Gift und nichts ist ohne Gift, nur die Dosis bewirkt, daß ein
Ding kein Gift ist."

Es ist nicht möglich, in einer „Starthilfe" die gesamte Pharmakologie und Toxikologie systematisch und vollständig abzuhandeln. Vielmehr wurde versucht, anhand von ausgesuchten Beispielen wie dem Curare oder den Sulfonamiden,
Einblicke in den Werdegang, die Erkenntnisse und die chemische Modulations-
fähigkeit der Moleküle bis hin zum Medikament mit seinen Wirkungen nachzu-
vollziehen. Außerdem soll mit den Ausführungen zur Geschichte der Membranpermeabilität der Weg zum Verständnis von Transportprozessen bereitet werden.

Für vielfältige Anregungen, Hinweise und für das Korrekturlesen danke ich sehr
herzlich den Herren Diplom-Biochemiker Jens Christian Fuhrmann, Professor Dr.
Wolfgang Legrum, Dr. Hans-Jörg Martin, Professor Dr. Karl-Joachim Netter und
Jürgen Weiß.

Marburg, im September 1999   Günter Fred Fuhrmann

Inhalt

1 Einleitung

1.1 Der Begriff Pharmakologie

Das Wort Pharmakologie beinhaltet zwei griechische Termini. Der erste Terminus, *Pharmakon*, bedeutet von der etymologischen Wurzel her soviel wie Spruch des Heils- oder aber auch des Schadenszaubers und wurde sowohl für Heil- und Arzneimittel als auch für Gifttrank, Zaubertrank und Liebesmittel gebraucht.

Der zweite Terminus, *Logos*, hat im Laufe der Zeit einen Bedeutungswandel erlebt. In der stoischen Philosophie verstand man unter *Logos* die das Weltall durchwaltende göttliche Vernunft (*Stoa*: Bezeichnung für die Philosophenschule, die von *Zeno dem Jüngeren* um 308 v. Chr. in Athen gegründet wurde). In Verbindung mit *Pharmakon* bedeutet es Lehre oder Wissenschaft. *Pharmakologie ist also in der modernen Version die Lehre von der Wirkung chemischer Substanzen auf den Organismus, zunächst ohne Rücksicht auf den Unterschied zwischen Heil- und Giftwirkung.*

1.2 Der Begriff Toxikologie

Toxikon stammt ebenfalls aus dem Griechischen und bedeutet das Pfeilgift. Die Pfeilspitze wurde zwecks schneller tödlicher Wirkung mit bakteriell verseuchtem Leichengift oder mit toxisch wirkenden Pflanzenstoffen präpariert. Als Pflanzenstoffe dienten solche, die örtliche Entzündungen hervorriefen, das Herz zum Stillstand brachten und die die Muskeln oder die Atmung lähmten. *Die Toxikologie ist damit die Lehre von der Wirkung toxischer Substanzen auf den Organismus.*

1.3 Geschichte der Pharmakologie

1.3.1 Materia Medica

Unter Pharmakologie wird im weitesten Sinne des Wortes die „Lehre von den Heilmitteln" verstanden. Bereits *Euricius Cordus* (1486-1535), der 1527 einen Ruf als medizinischer Professor an die neugegründete Universität Marburg erhielt, war von der besonderen Wichtigkeit der Heilmittellehre überzeugt. Diese gehörte für ihn zu den drei großen Säulen der Medizin, wie erstens der Körper selbst, zweitens die Krankheit und drittens die Arznei. Sein Kräuterbuch von 1534, das den Titel *Botanologicon* trägt, war der ersten Versuch einer wissenschaftlichen Pflanzenkunde. In erster Linie diente damals die angewandte Botanik der Heilkunde. Die Arzneimittellehre wurde mit dem Begriff *Materia medica* bezeichnet, und sie beschrieb ausschließlich Pflanzen im Hinblick auf Vorkommen, Inhaltsstoffe, medizinische Anwendung sowie mögliche Eignung als Ersatz für Heilmittel.

1.3.2 Galenica

Ein erster Ansatz, den möglichen Hintergrund der Wirkung von Heilmitteln zu ergründen, wurde schon im 2. Jahrhundert n. Chr. von dem römischen Arzt *Clarissimus Galen* angestrebt. Er baute den Grundgedanken der antiken Säftelehre (Humoralpathologie), die schon im 5. Jahrhundert v. Chr. von dem griechischen Arzt *Hippokrates* entworfen worden war, zu einem umfassenden Konzept von Gesundheit und Krankheit aus. Für dieses war neben Erkenntnissen aus Anatomie und Physiologie die Mischung der vier menschlichen Säfte (humores), wie Blut (haima), gelbe Galle (chole xanthe), schwarze Galle (chole melaina) und Schleim (phlegma), im menschlichen Körper von entscheidender Bedeutung.

Überschüssige und verdorbene Saftanteile führten nach dieser Ansicht zu Krankheit und mußten dementsprechend eliminiert werden. Dies geschah durch therapeutische Maßnahmen wie die Verabreichung von Brech- und Abführmitteln, die das Blut von dem Übermaß an gelber oder schwarzer Galle befreien und Schleim beseitigen sollten. Außerdem wurde versucht, durch Schwitzen und zur Ader lassen die krankmachenden Säfte (Materia peccans) zu entfernen. Das Neue an diesem Konzept war, daß hier neben der Erfahrung (Empirie) die als gleichwertig erachtete Theorie eine logische Anwendung von Arzneimitteln ermöglichen sollte.

Für alle damals bekannten pflanzlichen Arzneimittel entwickelte Galen ein System genauester Dosierung. Nach seinem Namen bezeichnete man im 16. und 17. Jahrhundert in der Apotheke zubereitete Mischungen und Auszüge aus Pflanzen als *Galenica* im Gegensatz zu reinen chemischen Produkten. Der Name Galenica oder galenische Arzneien bedeutete also die aus dem Altertum übernommenen Mittel.

Heute bezeichnet der moderne Ausdruck *Galenik* in Industrie und Apotheke die Wissenschaft von der Zubereitung von Arzneimitteln aus Arznei- und Hilfsstoffen. *Die Pharmazie (griech. pharmakeia) ist die Lehre von dem Gebrauch und der Herstellung von Arzneimitteln.* Sie umfaßt erstens die naturwissenschaftliche Forschung und Lehre von Arzneimitteln, zweitens die Herstellung und Prüfung derselben, drittens den Arzneimittelhandel und viertens die Praxis der Abgabe in den Apotheken.

1.3.3 Paracelsus, der Reformator der Heilkunde

Im Mittelalter begann ein Arzt aus Einsiedeln in der Schweiz, Theophrastus Bombastus von Hohenheim, genannt *Paracelsus* (1493-1541), das von der Antike übernommene Heilmittelprinzip in Frage zu stellen. Er wehrte sich gegen die nach seiner Meinung unsinnigen Stoffgemische der galenischen Medizin und verordnete chemisch definierte Wirkstoffe als Heilmittel. Mit seiner Behandlung war er so erfolgreich, daß er von mißgünstigen Konkurrenten der Giftmischerei bezichtigt wurde. Seine erfolgreiche Verteidigung gegen diese Anklage führte er mit einer Frage ein: „Wenn Ihr jedes Gift richtig erklären wollet, was ist dann kein Gift?" und beantwortete sie mit dem zutreffenden, heute noch gültigen Satz:

„Alle Dinge sind ein Gift und nichts ist ohne Gift, nur die Dosis bewirkt, daß ein Ding kein Gift ist. "

Nicht Säfte, sondern Funktionen des Körpers bestimmten nach seiner Ansicht das Leben, und nicht die „schlechte" Saftmischung (Dyskrasie) hat Krankheit zur Folge, sondern die Entstehung einer Krankheit ist auf vielfältige Weise von äußeren Einflüssen und von den Abläufen im Körper selbst abhängig. Paracelsus verband die Chemie auf das engste mit der Medizin, und er gilt als der erste große Reformator der Heilkunde. Die Chemie des späteren Mittelalters wurde auch *Chemiatrie* oder *Iatrochemie* (griech. *iatros*, Arzt) genannt. Paracelsus als ihr Begründer kämpfte gegen die sich ausbreitende Alchimie, und er vertrat den Grundsatz, daß der wahre Zweck der Chemie nicht der sei, Gold herzustellen, sondern Arzneien zu bereiten.

1.3.4 Beginn der rationalen Pharmakologie

Die Wende von der empirischen Arzneibehandlung hin zu einer streng rationalen Arzneimittellehre wurde aber erst viel später, um etwa 1850, vollzogen. Es wurde systematisch begonnen, die wirksamen Bestandteile der Naturstoffe zu untersuchen, ihre Wirkung auf den Organismus zu prüfen und diese möglichst eindeutig auf chemische und physikalische Gesetzmäßigkeiten zurückzuführen. *Rudolf Buchheim* gründete 1847 das allererste Institut für Pharmakologie an der Kaiserlichen Universität in Dorpat (Tartu, Estland). Einige Jahre später, im Jahre 1867, entstand das erste Pharmakologische Institut in Deutschland an der Königlichen Universität in Marburg.

1.4 Der lange Weg des Curare zum Arzneimittel

1.4.1 Das Pfeilgift der südamerikanischen Indianer

Die südamerikanischen Indianer am Orinoco, im Amazonasgebiet und in Guyana benutzten zur Jagd und im Krieg ein besonderes Pfeilgift, das Curare. Von den verschiedenen Forschungsreisenden hatte besonders *Alexander von Humboldt* in den Jahren von 1799 bis 1804 auf seiner Reise durch Süd-, Mittel- und Nordamerika von der enormen toxischen Wirksamkeit des Curare bei Pfeilverletzungen von Menschen und Tieren berichtet. Dabei war ihm aufgefallen, daß das Fleisch vergifteter Tiere ohne Schaden genossen werden kann, und daß mit Curare vergiftete Wunden ungestraft mit dem Mund ausgesaugt werden können. Dies bedeutete, daß das Curare bei Einführung in den Magen-Darmtrakt in der Regel unwirksam ist.

Es gibt verschiedene Arten von Curare, die sich durch ihre geographische und botanische Herkunft unterscheiden. Die Indianer benutzten für ihre drei wichtigsten Handelssorten verschiedene Behältnisse für das Gift. In Bambusröhren verpackt war es das Tubo-Curare, in Tontöpfen eingelagert, aus dem Amazonas stammend, das Topf-Curare und in Flaschenkürbissen transportiert, meistens aus dem Orinoco-Gebiet, das Calebassen-Curare. Curare ist der Oberbegriff für die Gifte, die aus dem Saft von verschiedenen südamerikanischen Giftpflanzen gewonnen werden. Das Tubo-Curare stammte aus Chondrodendron-Pflanzen, z.B. *Chondrodendron tomentosum*, und das Calebassen-Curare wurde aus Strychnos-Pflanzen, z.B. *Strychnos toxifera*, hergestellt. Dies letztere ist grundsätzlich verschieden von *Strychnos nux vomica*, der Stammpflanze des Krampfgiftes Strychnin.

Es waren Medizinmänner, welche die Geheimrezepte für die Zubereitung des Pfeilgiftes besaßen. Für das Eindicken des giftigen Saftes benutzten sie noch andere giftige Gewächse, hauptsächlich aus der Familie der Apozynazeen (milchsaftige Bäume, Sträucher oder Kräuter). Sie kochten die Substanzen aus und dampften sie zu einem dicken Extrakt ein. In den Handel gelangte Curare als schwarzbraune Masse von schwach aromatischem Geruch und bitterem Geschmack. Es behält jahrelang seine tödliche Wirkung, ist jedoch frisch zubereitet am wirksamsten.

Aufgrund der geheimgehaltenen Zusammensetzung und des Alters der Zubereitungen ist eine genaue Angabe der tödlichen Dosis nicht möglich. Es wird geschätzt, daß bereits einige Hundertstel Gramm tödlich sein können.

1.4.2 Die Giftwirkung von Curare

Wird ein Mensch oder ein Tier vom Curare-Pfeil getroffen, so zeigt das Gift auf die Muskelgruppen eine in der Reihenfolge unterschiedliche Wirkung:

Zuerst werden die äußeren Augenmuskeln ausgeschaltet, es folgt die Lähmung der mimischen Gesichtsmuskeln, welcher sich die der Hals- und Nackenmuskeln anschließt. Letztere bedingt das Unvermögen, den Kopf zu tragen, der dadurch heruntersinkt („Head drop dose" bei Kaninchen zur Standardisierung der Präparate). In der Reihenfolge: Schlund-, Kehlkopf-, Extremitäten-, Bauch- und schließlich Brustmuskel und Zwerchfell schreitet die Lähmung voran. Nachdem zuletzt die Atemmuskulatur vom Curare gehemmt worden ist, erstickt das Lebewesen bei vollem Bewußtsein.

1.4.3 Curare und die Physiologen

Das Muskelgift Curare fesselte wegen seiner effektiven Wirkung in hohem Grade das Interesse der Physiologen in Europa. Ein Nachteil war jedoch, daß die wirksamen Bestandteile des importierten Extrakts leicht zersetzlich waren. Darum begannen parallel mit den gezielten Wirkungsuntersuchungen die chemischen Analysen der Wirkstoffe. Die Wirksubstanzen, verschiedene Alkaloide, wurden zunächst in zwei Gruppen unterteilt. Die sogenannten *Curine* waren von geringer oder ganz fehlender Curarewirkung, dagegen enthielten die *Curarine* die typische Curarewirkung. Das reinste so erhaltene Curarin bewirkte bereits in Gaben von 10 bis 20 µg in typischer Weise die Lähmung eines Frosches. Frösche waren ein bevorzugtes Forschungsobjekt der Physiologen, da sie sich besonders gut zum Studium isolierter Organe und der Muskeln eigneten.

Injiziert man einem Frosch eine wirksame Dosis Curare, so läßt er bald den Kopf sinken, verliert seine normale hockende Stellung und liegt auf dem Bauch auf. Reize bewirken anfangs noch kräftige Muskelaktionen, bald aber werden die Bewegungen schwächer und das Tier springt nicht mehr, nur die Atmungs- bewegungen der Kehlmuskeln werden zunächst noch durch externe Reizung der Haut hervorgerufen. Nach einiger Zeit liegt der Frosch vollständig bewegungslos und zeigt selbst auf stärkste Reize, z.B. elektrische Reizung der Muskelnerven mittels einer Elektrode, keine Reflexe. Der Frosch ist aber nicht tot, denn sein Herz schlägt noch, es handelt sich also anscheinend um keine Herzmuskel- lähmung, sondern nur um eine periphere Skelettmuskellähmung. Im Gegensatz zu den Säugetieren können Frösche tagelang nach Curarelähmung weiterleben, da auch nach Aufhören der Atembewegungen die Hautatmung genügt, um den für den Stoffwechsel notwendigen Sauerstoff zuzuführen.

Reizt man jetzt die Muskeln durch direktes Aufsetzen einer Elektrode auf den Muskel, so können noch Muskelzuckungen ausgelöst werden. Es ist also typisch für die Curarewirkung, daß sie in Dosen, welche ausreichend sind, die Reizübertragung vom Nerven auf den Muskel zu blockieren, den Muskel selbst intakt lassen.

Der berühmte französische Physiologe *Claude Bernard* führte 1857 folgenden klassischen Versuch mit Curare am Frosch aus. Durch Unterbindung der Baucharterie oder durch Umschnüren des Oberschenkels mit Ausschluß des Beinnerven Ischiadicus kann man ein Hinterbein des Frosches ohne Störung der Nerveninnervation aus dem Kreislauf ausschließen, so daß kein Blut mehr in das Bein fließt. Vergiftet man jetzt den Frosch durch eine Injektion mit Curare in den Rumpf, so bleibt nur das nicht durchblutete Bein von der Vergiftung verschont, der ganze übrige Frosch wird curarisiert. Reizt man vom Rückenmark oder vom bloßgelegten Nervus ischiadicus aus, so erhält man in dem ausgeschalteten Bein noch Muskelzuckungen, in dem durchbluteten Bein dagegen nicht.

Daraus folgerte Bernard, daß Curare am Zentralnervensystem unwirksam ist und allein in der Nervenperipherie angreift. Hier, so beobachtete er weiter, sind die zu den Muskeln führenden Nervenstränge auszuschließen, da sie, in Curarelösung eingelegt, ihr Leitvermögen nicht verlieren. Die Schlußfolgerung aus diesen Versuchen von Bernard war, daß Curare die Nervenendapparate an den Skelettmuskeln außer Tätigkeit setzt, ohne andere Gebiete zu beeinflussen.

1.5 Der Rezeptor an der Muskelmembran

John Newport Langley kam aus der klassischen Physiologenschule von Claude Bernard, der wie oben beschrieben meinte, die Wirkung von Curare an den feinen Nervenendigungen der Muskeln lokalisiert zu haben, welche an dieser Stelle die Muskelkontraktion hemmen sollten. Langley zeigte dagegen im Jahre 1909, daß die Muskelzellen auch ohne die geringste Beteiligung von Nerven zur Kontraktion fähig waren, wenn er nämlich die Substanz Nicotin direkt am Muskel applizierte.

Mit Curare konnte er die Wirkung des Nicotins am nervenlosen Muskelpräparat blockieren. Da an der Muskelzelle trotz eines Curareblockes noch eine Muskelkontraktion elektrisch ausgelöst werden konnte, bedeutete dies für Langley, daß weder Nicotin noch Curare direkt mit dem Nerv oder mit dem Kontraktionsmechanismus des Muskels interferieren konnten. Nach seiner Vorstellung mußte deshalb noch eine *„rezeptive Substanz"* am Muskel selbst vorhanden sein, die das Auslösen der Kontraktion durch Nicotin und die Blockade durch Curare vermittelt. In diesem Experiment wurde erstmalig wegen der Spezifität der Reaktion die Existenz von *Rezeptoren* postuliert, ohne einen histologischen oder biochemischen Nachweis darüber zu besitzen.

1.5.1 Der klassische Begriff des Rezeptors

Aufgrund dieser Experimente hielt man Rezeptoren für makromolekulare Strukturen, am wahrscheinlichsten für Proteine. Dafür sprach wie oben dargelegt die große Spezifität der chemisch-physikalischen Reaktion. Es wurde bald erkannt, daß die physiologische Auslösung der Muskelkontraktion im Körper nicht durch das Gift Nicotin, sondern durch das körpereigene Substrat *Acetylcholin* hervorgerufen wird. Der klassische Begriff des Rezeptors wurde daraufhin dahingehend erweitert, daß biologische Effekte wie die Muskelkontraktion durch *Wirkstoff-Rezeptor-Interaktionen* erfolgen.

Die Suche nach den Rezeptormakromolekülen blieb aber lange Zeit erfolglos, und das Konzept des Rezeptors wurde bis zu den sechziger Jahren dieses Jahrhunderts nur durch indirekte physiologische Versuche gestützt. Es waren jetzt nicht nur die Physiologen, sondern auch Biochemiker und Pharmakologen, die enorme Anstrengungen unternahmen, um das Geheimnis der postulierten Wirkstoff-Rezeptor-Interaktion zu ergründen.

An dieser Stelle verlassen wir zunächst das Pfeilgift der Indianer und wenden uns einer gefährlichen Art von Süßwasserfischen zu, die ihre Beute durch Elektrizität lähmen oder sogar töten können.

1.5.2 Isolierung des nicotinischen Acetylcholinrezeptors

Das elektrische Organ des Zitteraals (Electrophorus electricus) und der im Meer vorkommenden Rochen (Gattung Torpedo) besteht aus bis zu 5000 Einzelzellen, den sogenannten Elektroplaques. Diese Zellen sind ursprünglich aus Muskelzellen hervorgegangen, deren kontraktiler Anteil bei der Entwicklung zum elektrischen Organ verlorengegangen ist. Damit produziert die Einzelzelle dieser Fische bei Erregung eine Potentialdifferenz von ca. 0.13 V. Ausgehend von etwa 5000 Elektroplaques pro Fisch ergibt sich somit die hohe Spannung von 650 V. Die „rezeptive Substanz" von Langley befindet sich hier in solch einer hohen Konzentration in der Membran der Zellen, daß nahezu 30 bis 40% der Zellmembranoberfläche damit besetzt ist, im Gegensatz zur Muskelzellmembran mit nur etwa 0.1% der Oberfläche als motorischen Endplattenrezeptor.

Für den Biochemiker war dieses rezeptorreiche Organ hervorragend zur Isolierung des *nicotinischen Acetylcholinrezeptors* geeignet. Die Analyse des Rezeptors ergab ein glycosyliertes Membranprotein mit einem Molekulargewicht von ca. 280 kDa. Das Protein besteht aus 5 Untereinheiten, die in zwei α1-Einheiten und je eine β1-, γ- und δ-Einheit zerlegt werden können. Eine räumliche Vorstellung über die Struktur des nicotinischen Acetylcholinrezeptors wurde durch das Elektronenmikroskop ermöglicht. Sieht man von oben auf die Zelle, so erscheint der Rezeptor als eine Rosette mit einem Durchmesser von 70 bis 80 Å und einer zentralen Einbuchtung von etwa 25 Å. Die fünf Untereinheiten ordnen sich pseudo-symmetrisch um eine Achse an, welche die Mitte einer Pore oder eines Kanals für den Durchfluß von Kationen durch die Zellmembran bildet. Die Abbildung 1 zeigt eine schematische Darstellung des nicotinischen Acetylcholinrezeptors als Ionenkanal.

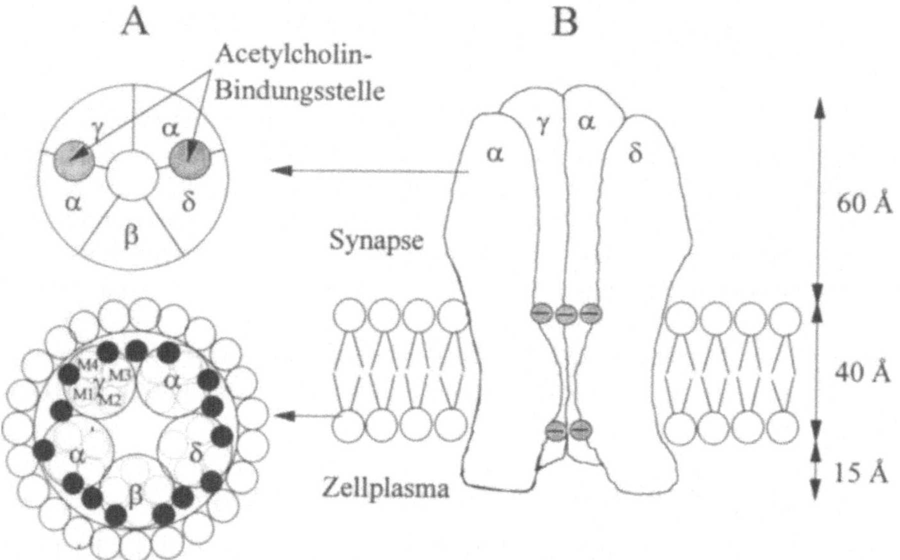

Abb.1: Schema des nicotinischen Acetylcholinrezeptors der Muskelmembran in Aufsicht A und in Seitenansicht B (nach H. R. Arias, 1998). In der Aufsicht A (oben) sieht man einen Querschnitt etwa 46 Å über der Lipiddoppelschicht im synaptischen Spalt. Durch den hydrophilen Anteil der 5 Untereinheiten wird in der Mitte ein Ionenkanal gebildet. Die Bindungsstellen für 2 Acetylcholinmoleküle befinden sich zwischen den α– und δ– sowie den γ– und α–Untereinheiten. Im unteren Querschnitt (Höhe der Lipiddoppelschicht) sind für jede Untereinheit (5 große Kreise) die transmembranen Domänen M1, M2, M3 und M4 (4 kleine gestrichelte Kreise) angedeutet. Die Aminosäurekette jeder der fünf Untereinheiten durchkreuzt viermal die Lipiddoppelschicht. Der Ionenkanal ist hier so eng, daß im geöffneten Zustand nur die kleinen Natrium-Ionen passieren können. Die Untereinheiten werden außen von jeder Lipidschicht mit einem Annulus aus 23 Phospholipiden umgeben (die äußere Kreise symbolisieren die Köpfe der Phospholipide). Außerdem sind Cholesterinmoleküle am Annulus (schwarze Kreise) beteiligt. In der Seitenansicht B ist zu erkennen, daß der Rezeptor etwa 60 Å in den synaptischen Spalt und ca. 15 Å weit in das Zytoplasma der Zelle reicht.

1.5.3 Funktion des nicotinischen Acetylcholinrezeptors

Aus kinetischen Untersuchungen geht hervor, daß erst bei der Interaktion des Rezeptors mit zwei Acetylcholinmolekülen der Kanal (Abb.1A und 1B) spezifisch für Kationen geöffnet wird. Diese Öffnung erfolgt jedoch nur für einen sehr kurzen Zeitraum, nach ca. einer Millisekunde schließt sich der Kanal wieder, und das Acetylcholin dissoziiert spontan vom Rezeptor ab.

Mit dem Öffnen des Kanals kommt es zu einem entsprechenden Stromfluß, der sich durch eine sehr empfindliche Technik, die „patch-clamp"-Methode, messen läßt. 1976 wurde diese Methode durch *Erwin Neher* und *Bert Sakmann* eingeführt, die 1991 dafür mit dem Nobelpreis ausgezeichnet worden sind. Mit „patch" wird ein kleines Membranareal der Zelle und mit „clamp" eine Spannungsklemme bezeichnet. Hierzu wird mit einer sehr feinen Glaskapillare, die gleichzeitig als Elektrode dient, eine Zelle durch Unterdruck in der Kapillare angesaugt. Die Zellmembran und die Glaskapillare schließen dabei so eng aneinander an, daß fast kein Leckstrom mehr fließen kann. Im „excised patch-mode" bricht hierbei ein kleines Membranareal aus der gesamten Zellmembran heraus. Die Abdichtung zwischen der Glaskapillarelektrode und der Membran muß so perfekt sein, daß sie größenordnungsmäßig im Gigaohmbereich liegt. Jetzt kann durch eine zweite Außenelektrode eine Spannung angelegt und gleichzeitig der Stromfluß durch das kleine Membranareal gemessen werden. Prinzipiell ist es hiermit möglich, den Stromfluß und die Zeitdauer durch nur einen einzigen Kanal zu messen. So fließen bei einer Klemmspannung von -100 mV durch einen Acetylcholinrezeptorkanal 3.5×10^{-12} Ampere. Daraus läßt sich errechnen, daß 2.2×10^7 Kationen pro Sekunde oder 22 000 Kationen pro Millisekunde den Kanal passieren (bei einem Ampere pro Sekunde resultiert ein Stromfluß von 6.24×10^{18} elektrischen Ladungen).

Dieser Stromfluß erzeugt an der Muskelzellmembran eine Depolarisation, da der Acetylcholinrezeptor eine etwas höhere Selektivität für Natrium-Ionen als für Kalium-Ionen aufweist. Die Depolarisation der Membran ist nun der Auslöser für die nachfolgende Muskelkontraktion. Beim elektrischen Fisch ist die Summation vieler Acetylcholinrezeptoren der Auslöser des elektrischen Schlages. Damit waren die physikalisch-chemischen Grundvorgänge bei der *Wirkstoff-Rezeptor-Interaktion* aufgeklärt.

Der nicotinische Acetylcholinrezeptor ist ein durch einen Transmitter, dem Acetylcholin, gesteuerter Kationenkanal. Unter *Transmitter* versteht man Moleküle, die in den Nervenendigungen selbst gebildet werden. Eine Ausnahme sind nur die Neuropeptide. Sie werden durch einen komplizierten Mechanismus in den synaptischen Spalt freigesetzt und beeinflussen dort über Rezeptoren die nachgeschaltete Zelle. Die *Synapsen* sind als Orte der Informationsübertragung besonders wichtige Schaltstellen und haben dementsprechend eine besonders große therapeutische Bedeutung in der Pharmakologie. Curare blockiert z.B. als ein Antagonist des Acetylcholins den Kationenkanal im synaptischen Spalt.

1.6 Nutzung von Curare für pharmakologische Zwecke

Noch bevor die chemischen Strukturen der verschiedenen Curarebestandteile auf geklärt worden waren, begann im 19. Jahrhundert die pharmakologische Verwendung von Curare. Bei damals aussichtslosen Erkrankungen, wie dem Wundstarrkrampf (Tetanus) oder bei der Tollwut, versuchte man damit, die anhaltenden Krämpfe am mit Sauerstoff beatmeten Patienten zu lösen. Dies war ein äußerst schwieriges Unterfangen, da die käuflichen Curarepräparate nicht standardisiert waren. Es bestand für den Patienten aufgrund der unbekannten Wirksamkeit eine Gefahr der möglichen Überdosierung mit tödlichem Ausgang.

Dagegen besaß in späteren Jahren der Pharmakologe *Rudolf Böhm* in Leipzig ein hochgereinigtes Curarepräparat, das an Tieren auf seine Wirksamkeit getestet worden war. Dieses wurde 1912 von dem Chirurgen *A. Läwen* erstmals am Menschen bei chirurgischen Eingriffen mit Diethylethernarkose eingesetzt. In seinem Bericht schreibt Läwen: „Ein großer Übelstand bei oberflächlicher Narkose ist der, daß die Kranken namentlich bei der Bauchdeckennaht die Bauchmuskulatur übermäßig anspannen." Gerade diese Bauchdeckenspannung ist daran schuld, so berichtete Läwen weiter, daß im letzten Stadium der Operation noch oft tief narkotisiert wird. Hierdurch wird die Gefahr der Überdosierung mit Diethylether sehr nahe gerückt. Diese Gefahr konnte Läwen mit dem von Böhm aus Curare präparierten Curarin ganz wesentlich herabsetzen. Kleine Mengen von weniger als 0.8 mg Curarin, mit der Spritze unter die Haut oder in den Muskel gespritzt, bewirkten eine deutliche Einsparung des Narkotikums und keine wesentliche Muskelkontraktion bei der Bauchdeckennaht.

Der Mangel an Curarin ließ jedoch die Beobachtung von Läwen über eine lange Zeitspanne in Vergessenheit geraten. Erst viel später wurde dieses bei der Narkose wichtige Medikament von amerikanischen Ärzten wiederentdeckt.

1.6.1 Curarepräparate als Muskelrelaxantien

Das aus Tubocurare gewonnene D-Tubocurarin und die Strukturaufklärung im Jahre 1935 waren von großer medizinischer Bedeutung (Abb. 2A).

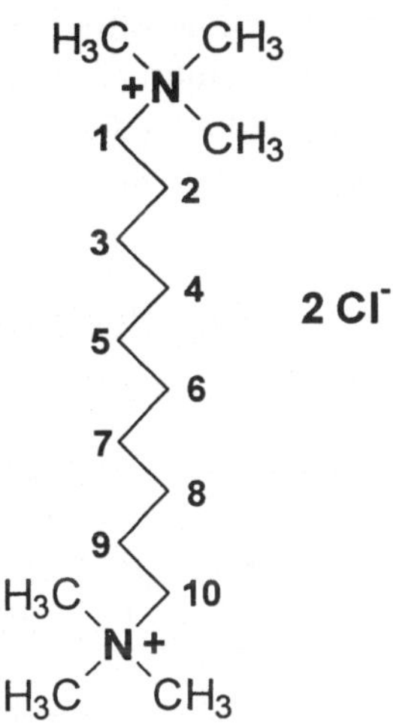

Abb 2: Strukturformel des aus Tubocurare gewonnenen D-Tubocurarins (A). Im Vergleich dazu die sehr einfache Formel des Decamethoniums (B). D-Tubocurarin ist ein Bis-Benzyl-isochinolin-Alkaloid (Bis-Coclaurin). Für seine Wirkung entscheidend sind eine quartäre Ammoniumgruppe und ein protonierter tertiärer Stickstoff (A).

Die strukturelle Aufklärung führte zur Synthese und experimentellen Prüfung von weiteren bisquartären Ammonium-Verbindungen. Der einfachste prospektive Wirkstoff, der nach dem Vorbild des D-Tubocurarin synthetisiert worden war, ist das Decamethonium-Chlorid (Abb. 2B). Dies geschah unter der Annahme, daß die biologisch aktiven Gruppen die beiden vierbindigen Stickstoffatome sind, die durch 10 Atome getrennt sind und in der gestreckten Form einen Abstand von etwa 14 Å besitzen. Experimentell erwies sich, daß Decamethonium ebenfalls mit dem nicotinischen Acetylcholinrezeptor an der Muskelendplatte reagiert.

Im Gegensatz zu D-Tubocurarin besitzt sie jedoch keine blockierende, sondern wie Acetylcholin eine depolarisierende Wirkung auf die Endplatte. Da Decamethonium nur sehr langsam eliminiert wird, erfolgt eine langandauernde Depolarisation, und es resultiert dadurch für den Muskel ein Tetanus mit vollständiger Unfähigkeit zur Kontraktion, also de facto eine Muskelerschlaffung. Hierdurch entstand ein neuer Typ der peripheren Muskelrelaxantien.

Zum ersten Typ der Muskelrelaxantien wird das nicht depolarisierende D-Tubocurarin, ein kompetitiver Antagonist des Acetylcholin, gerechnet, während der zweite Typ, hier durch das Decamethonium repräsentiert, ein Agonist ist und wie Acetylcholin depolarisierende Eigenschaften besitzt. Die Synthese von weiteren Substanzen, die diese zwei verschiedenen Eigenschaften aufwiesen, führte zur Gewinnung neuer Arzneimittel wie z.B. Pancuronium oder Vecuronium (Curare-Typ) und Suxamethonium (depolarisierender Typ), die bezüglich ihrer pharmakologischen Eigenschaft der Muskelrelaxation noch besser geeignet waren als die beiden Ausgangssubstanzen.

1.6.2 Beeinflussung der Muskelendplatte durch Acetylcholin und analoge Substanzen

Zum Verständnis des Unterschiedes zwischen der depolarisierenden Wirkung des Acetylcholins und des Decamethoniums sind einige Details der physiologischen Fortleitung des Nervenimpulses an der Muskelendplatte notwendig. Synapsen wurden bereits vorher als Orte der Informationsübertragung erwähnt. Sobald ein elektrisches Signal in Form eines Aktionspotentials an der präsynaptischen Nervenendigung eines somatomotorischen Nerven ankommt, wird dort in Vesikeln gespeichertes Acetylcholin in den synaptischen Spalt der motorischen Endplatte ausgeschüttet. Die Synapsen sind ca. über 200 Å schmale Spalte und besitzen durch Faltung der Membranen eine große Oberfläche. Nach Diffusion durch den synaptischen Spalt in weniger als 100 µs bindet Acetylcholin an den nicotinischen Acetylcholinrezeptor der Muskelendplatte. Es löst dort wie bereits beschrieben eine Depolarisation aus und erzeugt die Muskelkontraktion.

Ein Acetylcholinmolekül, das seine Wirkung vollbracht hat, löst sich vom Rezeptor ab und muß nun innerhalb kürzester Zeit abgebaut werden. Dieser Vorgang ist bereits bis zum Eintreffen des nächsten Nervenimpulses im Zeitraum von Millisekunden normalerweise abgeschlossen. Hierfür ist das Enzym *Acetylcholinesterase* zuständig, das in unmittelbarer Nachbarschaft vom Rezeptor lokalisiert die Spaltung von Acetylcholin zu den Reaktionsprodukten Essigsäure und Cholin katalysiert.

Im Unterschied zu Acetylcholin kann Decamethonium nicht abgebaut werden. Es erzeugt bereits in niedrigen Konzentrationen eine anhaltende Depolarisation, bis es aus dem synaptischen Spalt abdiffundiert und durch Ausscheidung aus dem Körper ausreichend verdünnt ist. Diese langanhaltende Wirkung ist therapeutisch äußerst unerwünscht, und zudem ist Decamethonium noch ziemlich toxisch. In der Folge wurde es durch ein neues, sehr schnell wirkendes Muskelrelaxans, Suxamethonium, abgelöst. Dieses kann formal als ein doppeltes Acetylcholinmolekül betrachtet werden, welches genau wie Decamethonium in der gestreckten Form einen Abstand von 14 Å zwischen den beiden kationischen Stickstoffatomen besitzt (Abb. 3). Neben seinem schnellen Wirkeintritt besitzt es eine sehr kurze Wirkung. Ursache hierfür ist eine rasche Spaltung des Suxamethoniums durch eine körpereigene Esterase im Plasma und der Leber. Durch die Acetylcholinesterase im synaptischen Spalt wird Suxamethonium nicht hydrolysiert.

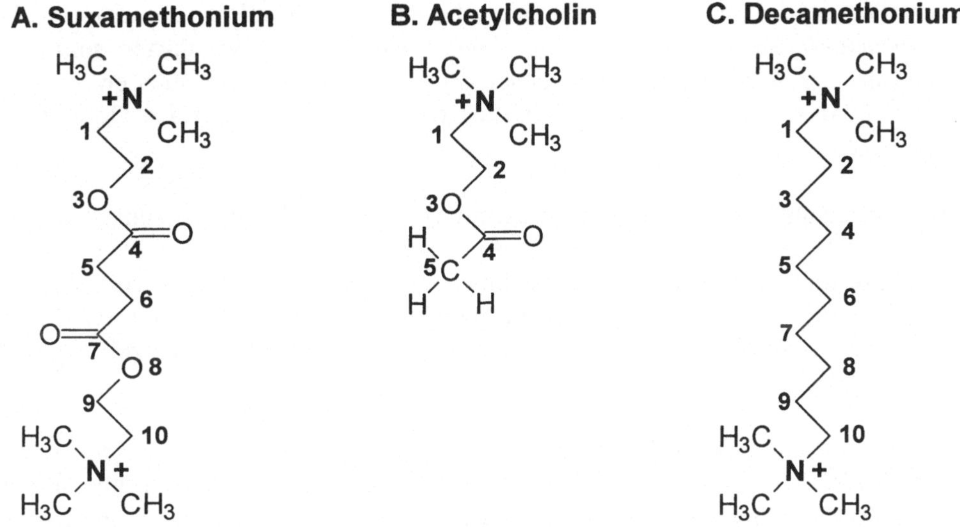

Abb. 3: Strukturformeln von A. Suxamethonium, B. Acetylcholin und C. Decamethonium. Die Verbindungen A. und B. können als Ester durch Enzyme hydrolysiert werden und damit unwirksam gemacht werden.

2 Definition der Wirkung von Arzneimitteln

Bereits 1878 schreibt *Rudolf Buchheim* in seinem Lehrbuch der Pharmakologie über die Wirkung der Arzneimittel folgendes: „Wenn wir genöthigt sind, anzunehmen, dass jede Wirkung wenigstens zwei Ursachen habe, so müssen wir bei der Wirkung der Arzneimittel die eine oder den einen Theil der Ursachen *in den Arzneimitteln,* den anderen *in dem Organismus* suchen. Wir dürfen somit die Wirkung der Arzneimittel nicht diesen allein zuschreiben, wir müssen sie vielmehr als das Resultat der Eigenschaften der Arzneimittel und des Organismus ansehen.“

Wirkungen als Ursache „in den Arzneimitteln“ und „in dem Organismus“ werden heute als *Pharmakodynamik* und *Pharmakokinetik* bezeichnet. Die Pharmakodynamik ist die *Lehre von der Pharmakonwirkung am Wirkort.* In den vorhergehenden Kapiteln über Curare ist z.B. die molekulare Pharmakologie des Wirkortes exakt mit dem nicotinischen Acetylcholinrezeptor an der Muskelzellmembran beschrieben.

Dagegen befaßt sich die Pharmakokinetik mit den *Konzentrationsveränderungen des Pharmakons im Organismus in Abhängigkeit von der Zeit.* Wirkungen zwischen Arzneimittel und Lebewesen werden also sowohl durch die *Pharmakodynamik* als auch durch die *Pharmakokinetik* verursacht, sie bestimmen gemeinsam die pharmakologische Wirkung. Für die Wirkung einer toxischen Substanz auf ein Lebewesen gelten die analogen Begriffe *Toxikodynamik* und *Toxikokinetik.*

Betrachtet man den zeitlichen Ablauf der Konzentration eines Pharmakons im Organismus, so läßt sich in der Regel eine *Reaktionskette* mit verschiedenen Phasen beschreiben. Der Arzt beginnt, nachdem er die Arznei gewählt hat, die Behandlung mit der *Applikationsphase.* Grundsätzlich gibt es für den Arzt verschiedene Applikationswege, um das Arzneimittel in den menschlichen Körper einzubringen. Der effektivste Weg ist dabei immer der, das Medikament durch eine Spritzennadel direkt in die Blutbahn zu injizieren.

Im allgemeinen erreicht ein Wirkstoff seinen Wirkort über das Blut, wie beim Curare beschrieben. Somit schließt sich an die Applikationsphase eine zweite Phase an, die *pharmakokinetische Phase.* Sie beschreibt mit ihrer Kinetik den zeitlichen Verlauf des Vordringens des Wirkstoffes zum Wirkort.

Am Rezeptor spielt sich letztlich die *pharmakodynamische Phase* ab. Als wichtige Parameter gelten hier die Konzentration des Wirkstoffes, die am Rezeptor gerade noch erreicht wird, und die Ansprechbarkeit des Rezeptors selbst auf den

Wirkstoff. Beide Größen sind bestimmend für die Pharmakonwirkung am Wirkort.

In ähnlicher Weise wie für ein Pharmakon gibt es naturgemäß auch für eine toxische Substanz eine Reaktionskette. Anstelle der willkürlich durch den Arzt hervorgerufenen Applikationsphase steht hier eine meist ungewollte Vergiftung, die mit der *Expositionsphase* über die Haut, die Lungen oder den Darmtrakt beginnt, an die sich die *toxikokinetische Phase* anfügt und die mit der *toxikodynamischen Phase* abschließt. Die Reaktionsketten sind also:

Applikationsphase > pharmakokinetische > pharmakodynamische Phase.
Expositionsphase > toxikokinetische > toxikodynamische Phase.

2.1 Allgemeine Grundregeln der Pharmako- und Toxikokinetik

Die Pharmako- und Toxikokinetik beschreiben die Geschwindigkeit der Aufnahme, Verteilung und Ausscheidung einer Substanz im Organismus. Ein wesentliches Ziel ist dabei die Erfassung des zeitlichen Verlaufs der Konzentrationsänderung von Medikamenten und toxischen Substanzen in den Körperflüssigkeiten. Trotz der Verschiedenartigkeit der Abläufe, die eine Zu- oder Abnahme der Konzentration in den verschiedenen Körperflüssigkeiten bewirken, kann eine quantitative Beschreibung der Geschwindigkeiten der Konzentrationsänderungen gegeben werden.

Dies beruht darauf, daß in der überwiegenden Form die einzelnen Prozesse im Organismus nach den physikalischen Gesetzen einer *Diffusionskinetik* und viel seltener durch eine enzymatische Kinetik erfolgen.

Mathematisch läßt sich die Diffusionskinetik durch eine *Reaktion erster Ordnung* beschreiben. Dagegen verläuft die enzymatische Reaktion komplexer. Sie kann initial mit einer „Pseudokinetik 1. Ordnung" und final, bei Substratsättigung des Enzyms, mit einer „Pseudokinetik 0. Ordnung" ablaufen. Diese letztere Kinetik findet sich in Ausnahmefällen, wenn z.B. die Transport- oder die Metabolisierungskapazität überschritten wird:

$$\text{Kinetik 0. Ordnung} \qquad dC/dt = k \times C^o \qquad\qquad (1)$$
$$\text{Kinetik 1. Ordnung} \qquad dC/dt = k \times C^1 \qquad\qquad (2)$$

Dabei bedeuten C die Konzentration der Substanz, t die Zeit (meist in Minuten oder Stunden angegeben) und k die Geschwindigkeitskonstante (reziproke Zeitkonstante, 1/t). Bei der Reaktion 1. Ordnung (2) ist die Kinetik von der Konzentration C abhängig. Bei der Kinetik 0. Ordnung ($C^o = 1$) bestimmt nur die Geschwindigkeitskonstante k den Verlauf (1).

Hier soll uns besonders die Kinetik 1. Ordnung (2) als die weitaus häufigste Kinetik von Medikamenten und Giften beschäftigen. Das Differential dC/dt ist proportional der Geschwindigkeit v, mit der die Substanz z.B. in den Blutraum eintritt oder aus dem Blutraum eliminiert wird. Zur Kennzeichnung des Richtungsverlaufes benutzt man ein Vorzeichen. Ein negatives Vorzeichen bedeutet stets, daß die Substanz den Raum verläßt. Symbolisiert wird dies durch einen Richtungspfeil, der aus einen geschlossenen Raum V herausweist (V entspricht in diesem gewählten Beispiel dem gesamten Blutraum):

$$v = -dC / dt = k_e \times C$$
$$-dC / C = k_e \times dt$$
$$dC / C \equiv dlnC = -k_e \times dt$$
$$\int_{C_0}^{C_t} dlnC = -k_e \int_0^t dt$$
$$lnC_t - lnC_0 = -k_e \times t$$
$$lnC_t = lnC_0 - k_e \times t$$

In der obigen Differentialgleichung für den Austritt einer Substanz aus dem Blutraum (erste Zeile) wird jetzt die Geschwindigkeitskonstante mit k_e als Eliminationsgeschwindigkeitskonstante bezeichnet. Durch Umformen der Differentialgleichung (zweite und dritte Zeile) erhält man:

$$dlnC = - k_e \times dt \tag{3}$$

Nach Integration der Differentialgleichung von C_0 nach C_t sowie von t_0 nach t und Umstellen erhält man eine lineare Gleichung ($y = b - a \times x$) mit:

$$ln\ C_t = ln\ C_0 - k_e \times t \tag{4}$$

Dabei ist C_t die Konzentration, die sich zum Zeitpunkt t im gesamten Raum V befindet, und C_0 ihre fiktive Anfangskonzentration. Diese lineare Gleichung (4) ist in der experimentellen Pharmakologie und Toxikologie von fundamentaler Bedeutung. Sie ermöglicht wegen ihres linearen Verlaufes unter anderem das einfache Ausmessen von Räumen im Organismus mit Hilfe von Testsubstanzen. Diese Räume werden ganz allgemein als *Kompartimente* bezeichnet.

2.1.1 Die Kompartimente im menschlichen Organismus

Die Organisation des menschlichen Organismus erfolgt in der Pharmakologie und Toxikologie nach funktionellen Gesichtspunkten. Der erwachsene durchschnittliche Europäer hat ein Körpergewicht von 70 kg und wird auf eine Gesamtzellzahl von 10^{14} Zellen geschätzt.

Dabei sind 18% des Körpergewichtes Proteine, Nucleinsäuren und Kohlenhydrate, 15% Lipide und 7% Mineralstoffe (bezogen auf einen durchschnittlichen jungen Mann). Zusammengenommen machen die festen Bestandteile 40% des Körpergewichtes aus, die restlichen 60% sind Wasser.

Der Wassergehalt fettfreier Gewebezellen liegt ziemlich einheitlich bei 71 - 72 ml pro 100 g Gewebe. Da Fettzellen fast wasserfrei sind, ändert sich die Beziehung Gesamt-Körperwasser/Körpergewicht je nach dem Fettgehalt des Körpers. Für eine junge Frau liegt wegen des größeren Fettpolsters im Vergleich zum gleichaltrigen Mann der Anteil des Gesamt-Körperwassers niedriger.

Bei beiden Geschlechtern nimmt aber der Gesamt-Körperwassergehalt mit zunehmendem Alter ab. Beim Neugeborenen ist der Gesamtkörperwassergehalt mit 80% am größten und bei der älteren Frau mit ungefähr 46% am kleinsten.

Der Wasserraum des Menschen ist nicht homogen, sondern er wird funktionell in drei Hauptkompartimente unterteilt: Den Blutraum (intravasales Kompartiment), das Zwischenzell- und das Zellkompartiment. Diese Kompartimente sind von prinzipieller Bedeutung für die Verteilung von Substanzen wie Arzneimittel oder Giftstoffen, da sie durch Membranen voneinander abgegrenzt werden, die ähnliche physikalisch-chemische Eigenschaften besitzen. Außerdem weisen die Kompartimente eine vergleichbare chemische Zusammensetzung auf.

Zusätzlich zu diesen drei Kompartimenten existieren noch weitere, kleinere Räume, deren Zugänglichkeit durch spezielle Barrieren erschwert wird. Im Gehirn wird der Übertritt von hydrophilen Fremdsubstanzen aus dem Blut in das Gehirn durch einen besonderen Aufbau der Blutgefäße, der sogenannten Blut-Hirn-Schranke, wirksam verhindert. Weitere Nebenkompartimente sind das Kammerwasser des Auges und die Endolymphe des Innenohres.

Bei der schwangeren Frau ist schließlich die Plazenta eine wichtige Barriere zum immer größer werdenden Kompartiment des Fetus. Sie hat die Aufgabe, den Austausch von Nährstoffen, Blutgasen und metabolischen Produkten zwischen dem mütterlichen und dem fetalen Organismus sicherzustellen, aber schädliche

Substanzen auszuschließen. Ihre Durchlässigkeit ist daher von der Funktion her viel vielseitiger, und sie ist im Vergleich zur Blut-Hirn-Schranke viel größer.

2.1.2 Bestimmung des intravasalen Kompartiments

Die Größe jedes einzelnen Wasserkompartiments ist experimentell bestimmbar, indem man Substanzen, die sich nur in einem Kompartiment verteilen, direkt in dieses einbringt und deren Verteilungsvolumen berechnet.

Mit dieser Methode läßt sich z.B. mittels des Farbstoffes Evansblau, der fest an die Plasmaproteine des Blutes bindet, das Plasmavolumen in den Blutgefäßen bestimmen. Nach einer Injektion von z.B. 300 µg Evansblau in die Armvene ergab sich kurze Zeit später eine gleichmäßige Verteilung des Farbstoffes im Blut. Seine Konzentration C wurde einfacherweise photometrisch ermittelt, und die mittlere Konzentration betrug in den entnommenen Blutproben 100 µg Evansblau / Liter Blutplasma. Daraus errechnet sich sein Verteilungsvolumen V_d:

$$C = (\text{Menge an Evansblau injiziert}) / (\text{Verteilungsvolumen, } V_d), \text{ und}$$
$$V_d = \text{Menge} / C \tag{5}$$

für das Blutplasma von 3 Litern.

Aus der Größe des Blutplasmavolumens kann auch das Gesamt-Blutvolumen errechnet werden, wenn der prozentuale Anteil der im Blut befindlichen Zellen bekannt ist. Die Zellen setzen sich aus den weißen und roten Blutzellen sowie den Thrombozyten zusammen. Den überwiegenden Anteil nehmen die roten Blutzellen (Erythrozyten) ein, es sind über 500mal so viele Erythrozyten als weiße Blutzellen. Beträgt dieser Anteil z.B. 45%, so kann das Gesamt-Blut-Volumen oder die vollständige Größe des *intravasalen Kompartiments* ausgemessen werden:

$$3 \text{ Liter (Plasmavolumen)} \times \frac{100\%}{100\% - 45\%} = 5.455 \text{ Liter}$$

Im Verhältnis zu dem 70 kg schweren Menschen nehmen die 5.5 Liter intravasales Kompartiment einen Anteil von 8% des Körpergewichtes ein.

Der prozentuale Anteil des Blutplasmavolumens von 3 Litern beträgt dann entsprechend 4.3% und der Anteil an zirkulierenden roten Blutzellen 3.7% des Körpergewichtes.

Dieser letztere Anteil läßt sich aber auch unabhängig bestimmen; hierzu injiziert man z.B. mit ^{51}Cr radioaktiv markierte rote Blutzellen, stellt nach deren Durchmischung im Blut der Versuchsperson den Anteil der radioaktiven roten Blutkörperchen an den gesamten Blutkörperchen in einer Blutprobe fest und errechnet so sein Verteilungsvolumen.

2.1.3 Bestimmung des Zwischenzell-Kompartiments

Der an das intravasale Kompartiment angrenzende Raum ist der *Zwischen- zellraum* oder das *interstitielle Kompartiment*. Es umschließt den Wasserraum zwischen den Blutgefäßen und allen Körperzellen.

Dieser Raum kann nur indirekt vermessen werden, indem man die Verteilung von Inulin oder Saccharose mißt. Diese Substanzen verteilen sich sowohl im Zwischenzell- als auch im Blutplasmaraum, also in dem gesamten sogenannten *extrazellulären Raum*. Die Begrenzung dieses Wasserraumes ist ungenau definiert, und die Lymphe läßt sich nicht vom extrazellulären Raum abtrennen. Außerdem erfolgt die Gleichgewichtseinstellung der Testsubstanzen nur langsam in die Cerebrospinalflüssigkeit, Gelenkflüssigkeit, in das Kammerwasser des Auges und in Gebiete, die wenig durchblutet werden.

Aus mehreren Blutproben läßt sich nach der Verteilung der Testsubstanz in diesem Raum und unter Berücksichtigung der gleichzeitig erfolgenden schnellen Elimination durch die Nieren und Drüsensekretion die *Anfangskonzentration C_0* ermitteln. Dies kann sowohl rechnerisch aus der Gleichung $\ln C_t = \ln C_0 - k_e \times t$ (4), als auch graphisch durch Verwendung von halblogarithmischem Papier erfolgen. Man legt dazu durch die Meßpunkte eine Gerade, verlängert diese bis zum Schnittpunkt mit der im logarithmischen Maßstab dargestellten y-Achse und liest dort den C_0-Wert ab.

Messungen mit diesen und weiteren verschiedenen Substanzen haben im Mittel ein Verteilungsvolumen von etwa 14 Liter Extrazellularflüssigkeit ergeben, das sind 20% von 70 kg Körpergewicht. Durch Subtraktion des Volumens des Blutplasmas (3 Liter) erhält man 11 Liter für das Zwischenzell- oder interstitielle Kompartiment oder entsprechend 15% des Körpergewichtes.

2.1.4 Bestimmung des intrazellulären Kompartiments

Auch der gesamte intrazelluläre Wasserraum kann nur indirekt bestimmt werden, indem man den wie beschrieben mit Inulin oder Saccharose ausgemessenen extrazellulären Wasserraum vom Gesamt-Körperwasser abzieht. Dieses wird ebenfalls nach dem Verdünnungsprinzip vermessen. Am häufigsten setzt man hierfür schweres Wasser, D_2O, als Testsubstanz ein und bestimmt damit den gesamten Wasserraum eines Menschen. Beim jungen männlichen Erwachsenen beträgt der Wassergehalt etwa 60% des Körpergewichtes, und nach Subtraktion des extrazellulären Raumes resultieren für den intrazellulären Raum 40 bis 41%.

Die Abbildung 4 gibt eine ungefähre Größendarstellung der drei wichtigsten Kompartimente beim jungen Mann wieder sowie die Abtrennung der Räume durch die Blutgefäße und die Zellmembranen.

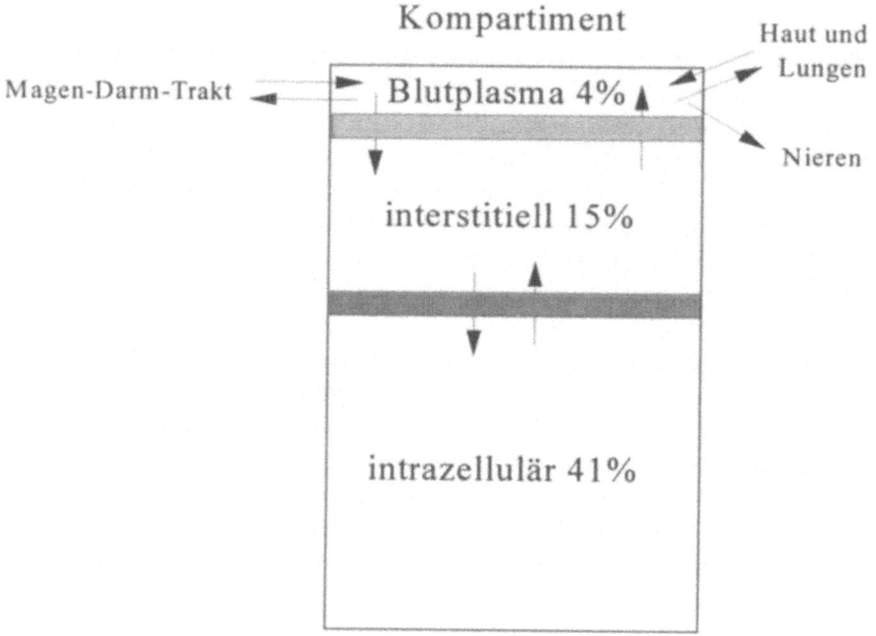

Abb. 4: Übersicht über die wichtigsten Wasserkompartimente im menschlichen Organismus (Durchschnittswerte beim jungen Mann). Die Pfeile geben mögliche Richtungsbewegungen von Substanzen im Körper wieder. Dargestellt sind die Aufnahme und Ausscheidung über den Magen-Darm-Trakt, der Zugang mit der Atmung und die Abatmung über die Lunge sowie die Ausscheidung über die Niere. Die Barriere der Blutgefäßwände (hellgrau) trennt den Blutraum vom Zwischenzellraum. Die Plasmamembranen der Zellen (dunkelgrau) grenzen den intrazellulären vom interstitiellen Raum ab. Der Blutraum und der interstitielle Raum ergeben zusammen den extrazellulären Raum mit rund 20% Anteil am Körpergewicht. In diesem Raum ist die Ionenzusammensetzung die gleiche. Der gesamte Wasserraum beträgt ca. 42 Liter bei einem durchschnittlichen Gewicht von 70 kg. Auf den Plasmaraum entfallen 3, auf den interstitiellen Raum 11 und auf den intrazellulären Raum 28 Liter Wasser.

2.2 Kinetische Prozesse im menschlichen Organismus

Die Kinetik besteht aus einer ganzen Reihe von Vorgängen im Organismus wie Aufnahme, Verteilung, Metabolisierung und Ausscheidung einer Substanz. In jedem Kompartiment äußern sich diese verschiedenen Prozesse in einem Konzentrations-Zeit-Profil. Aus technischen Gründen ist jedoch das entsprechende Profil fast nur im intravasalen Raum oder in den Ausscheidungsflüssigkeiten, wie z.B. im Urin, meßbar. Der Arzt kann am zweckmäßigsten zu verschiedenen Zeitpunkten Blutproben entnehmen und die Konzentration der Substanz sowohl im Blutplasma als auch in den roten Blutzellen als einen Vertreter der Zellen bestimmen. Der Blutraum wird daher auch als das *zentrale Kompartiment* bezeichnet. Die erhaltene Konzentrationszeitkurve des Blutplasmas trägt den Namen *Blutspiegelkurve*. Bemerkenswerterweise ist das zentrale Kompartiment, das für die Verteilung von Substanzen verantwortlich ist, verhältnismäßig klein im Verhältnis zu den beiden anderen *peripheren Kompartimenten,* dem interstitiellen und dem intrazellulären Raum.

Folgendes Diagramm soll übersichtlich das komplexe Zusammenspiel der verschiedenen Prozesse veranschaulichen.

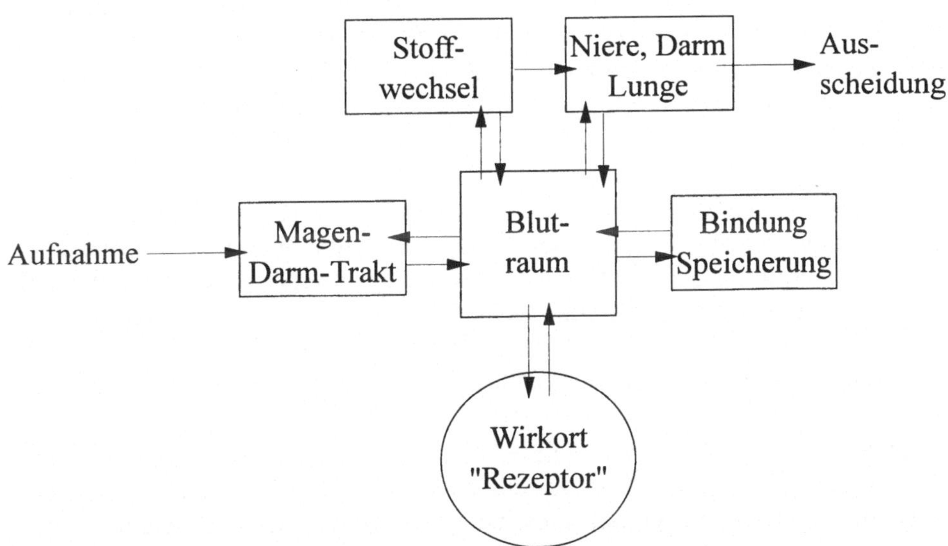

Abb. 5: Übersichtsschema kinetischer Prozesse im menschlichen Organismus. Es wird hierbei davon ausgegangen, daß die entsprechende Substanz oral (als Tropfen oder Tablette) verabreicht wird und sich zuerst im Magen-Darm-Trakt verteilt. Das dargestellte System hat sowohl einen Zufluß (Aufnahme) als auch einen Abfluß (Ausscheidung). Man kann es daher als ein *offenes System* bezeichnen.

2.2.1 Clearance

Für die Pharmakologie und Toxikologie ist die Verweildauer einer Substanz im Organismus von Bedeutung. Der Arzt möchte wissen, wie lange die Medizin überhaupt wirkt, und der Toxikologe möchte abschätzen können, wann endlich bei einem Vergifteten keine Gefahr mehr von der Substanz ausgeht.

Eine ungefähre Aussage darüber kann getroffen werden, wenn die Kinetik der Ausscheidung einer Substanz bekannt ist. Ein Maß für die Ausscheidung eines Medikamentes oder Giftes aus dem Organismus ist die *totale Clearance*. Die Clearance bezeichnet *das Plasmavolumen, das pro Zeiteinheit (Minuten) von der betreffenden Substanz befreit oder geklärt wird.*

2.2.2 Die biologische Halbwertszeit

Eine weitere wichtige Größe für die Beurteilung der Wirkzeit ist die *biologische Halbwertszeit* $t_{1/2}$. Dabei ist $t_{1/2}$ *als die Zeitspanne definiert, nach der die Hälfte der Substanz ausgeschieden ist.*

Bei der Verabreichung eines Medikamentes kann man vereinfachend davon ausgehen, daß nach fünf Halbwertszeiten keine Wirkung mehr zu erwarten ist. Zu diesem Zeitpunkt beträgt seine Konzentration nur noch 1/32 oder 3.1% der Ausgangskonzentration. Das Medikament gilt daher vom klinischen Standpunkt als ausgeschieden.

Die Abbildung 5 hat einen Eindruck vermittelt über die Komplexität der Kinetik und Verteilung in den verschiedenen Kompartimenten. Wie komplex dies auch sein mag, es ergibt sich für die längste Halbwertszeit einer Substanz schließlich bei halblogarithmischer Auftragung der Meßpunkte doch ein linearer Verlauf. Diese längste Halbwertszeit bestimmt im letzten Teil der Eliminationsphase das Konzentrations-Zeit-Profil und wird daher *terminale Halbwertszeit* genannt.

Die Ableitung der biologischen Halbwertszeit soll zunächst an einem einfachen Modell vorgestellt werden. Dies ist das sogenannte *Ein-Kompartiment-Modell*. Ein Medikament, das im Organismus keiner metabolischen Veränderung unterliegt, wird mit einer Spritze in die Armvene injiziert und verteilt sich nach kurzer Zeit nur im Blutplasmaraum. Die kurze Durchmischungszeit von etwa 3 Minuten bis zur gleichmäßigen Verteilung im Plasmavolumen von ca. 3 Litern kann hierbei vernachlässigt werden. Außerdem soll angenommen werden, daß das Medikament vom Blutplasma nur über die Nieren ausgeschieden werden kann.

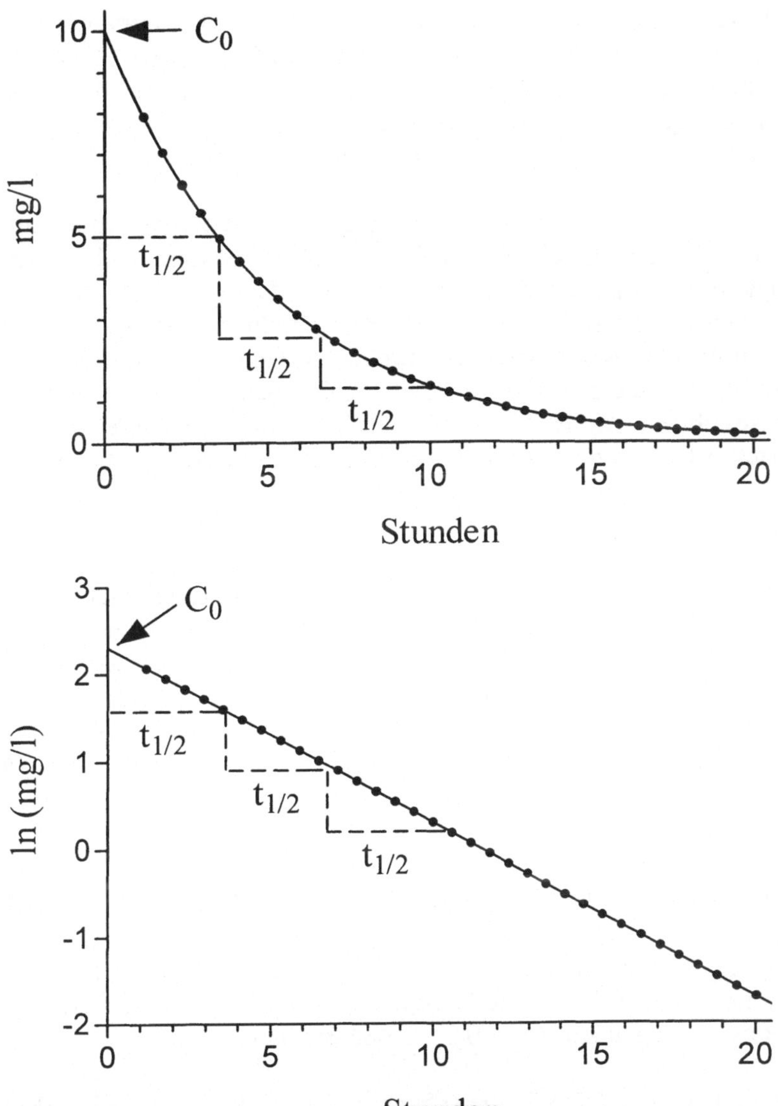

Abb. 6: Plasmakonzentrations-Zeit-Profil eines Medikamentes nach intravenöser Injektion im Ein-Kompartiment-Modell mit Ausscheidung durch die Niere. Die Ausscheidung erfolgt analog Gleichung (4), $\ln C_t = \ln C_0 - k_e t$; Meßpunkte und rechnerisch bestimmte Kurve bzw. Gerade. Oben: Darstellung des Konzentrationsverlaufes eines Medikamentes (in mg/ml) gegen die Zeit in Stunden. Unten die gleichen Meßpunkte wie oben in der halblogarithmischen Darstellung. Aus der Neigung der Geraden ergibt sich die Eliminationsgeschwindigkeitskonstante k_e mit 0.2 h^{-1} und aus dem Schnittpunkt mit der y-Achse die Anfangskonzentration C_0.

Die Elimination der Substanz aus dem Ein-Kompartiment-Modell erfolgt nach der Gleichung $\ln C_t = \ln C_0 - k_e \times t$ (4), die auf der Seite 24 bereits abgeleitet wurde. Aus der Abbildung 6 wird ersichtlich, daß die Auftragung der Meßpunkte in der halblogarithmischen Darstellung vorteilhafter ist. Durch die Meßpunkte kann eine Gerade gelegt werden, und der Schnittpunkt mit der y-Achse sowie die Neigung der Geraden liefern wichtige kinetische Informationen.

Aus dem Schnittpunkt mit der y-Achse läßt sich graphisch die Konzentration zum Zeitpunkt 0 mit $\ln 2.3 = 10$ mg/l ablesen, und die Neigung der Geraden beinhaltet die Geschwindigkeit der Elimination des Medikamentes. Die Halbwertszeit $t_{1/2}$ als die Zeitspanne, nach der die Hälfte der Substanz ausgeschieden ist, kann ebenso graphisch ermittelt werden, wenn man die Hälfte der Anfangskonzentration mit $\ln 1.61 = 5$ mg/l auf die Gerade projiziert und den zugehörigen x-Wert auf der Stundenskala (x-Achse) abliest. Die Halbwertszeit beträgt in diesem Beispiel etwa 3.5 Stunden, und nach 5 Halbwertszeiten liegt die Konzentration des Medikamentes bei nur noch 0.31 mg/l Blutplasma und ist damit bereits vom klinischen Standpunkt als vernachlässigbar gering eingeschätzt worden.

Anstelle der graphischen Abschätzung läßt sich die Halbwertszeit auch exakt mathematisch ermitteln. Man geht hierbei von der exponentiellen Gleichung (4) aus und setzt sowohl für die Konzentration C_t als auch für die Zeit t den Wert ½ ein:

$$\ln C_t = \ln C_0 - k_e \times t \tag{4}$$

$$\ln \tfrac{1}{2} = \ln C_0 - k_e \times t_{1/2}$$

$$\ln \tfrac{1}{2} = - k_e \times t_{1/2} \quad \text{oder} \quad t_{1/2} = \ln 2 / k_e \quad \text{bzw.} \quad t_{1/2} = 0.693 / k_e \tag{6}$$

In der in Abbildung 6 konstruierten Darstellung beträgt die Eliminations- geschwindigkeitskonstante k_e 0.2 h^{-1}. Die Halbwertszeit der Elimination berechnet sich in diesem Beispiel genau auf $0.693/0.2 = 3.465$ Stunden.

In Wirklichkeit verläuft die Kinetik meist komplizierter als im einfachen Ein-Kompartiment angenommen. Sie zeigt aber dennoch das wesentliche Prinzip. Da der Blutspiegel nach Applikation vieler Medikamente wegen gleichzeitig erfolgender Verteilungs- und Ausscheidungsprozesse zunächst meist deutlich schneller abfällt als später und die Ausscheidung aus verschiedenen Kompartimenten mit unterschiedlicher Geschwindigkeit erfolgen kann, können häufig mehrere Halbwertszeiten für die verschiedenen Wege der Ausscheidung bestimmt werden. In der pharmakologischen Praxis wird in der Regel nur die längste Halbwertszeit benutzt, die, wie bereits am Anfang dieses Abschnittes beschrieben, die Bezeichnung terminale Halbwertszeit trägt.

Die nachfolgende Tabelle 1 gibt für eine Reihe von Medikamenten die mittlere Halbwertszeit der Ausscheidung (terminale Halbwertszeit) bei Erwachsenen mittleren Lebensalters an:

Medikament	Halbwertszeit $t_{1/2}$ in Stunden
Acetylsalizylsäure (Schmerzmittel)	0.2
Penicillin (Antibiotikum)	0.5
Folsäure (Vitamin)	0.8
Furosemid (Diuretikum)	1.0
Rifampicin (Antibiotikum)	1.5
Cortisol (Hormon)	1.7
Paracetamol (Schmerzmittel)	2.0
Tetracyclin (Antibiotikum)	8.0
Diazepam (Tranquilizer)	30.0

Tabelle 1: Terminale Halbwertszeiten für die Ausscheidung verschiedener Medikamente aus dem menschlichen Organismus.

2.3 Die Bedeutung der Barrieren zwischen den Kompartimenten

Wie in der Abbildung 4 gezeigt, werden die drei wichtigsten Kompartimente durch zwei Barrieren voneinander separiert. Die Abtrennung zwischen dem Blutraum und dem Zwischenzellraum erfolgt durch die *Gefäßwände der Blutgefäße* und die Abgrenzung zwischen dem Zwischenzellraum und dem intrazellulären Raum durch die *Membranen* aller Zellen. Die physikalisch-chemischen Eigenschaften dieser Barrieren bestimmen ganz wesentlich die Durchtrittsgeschwindigkeit der Substanzen von einem Kompartiment in das andere. Um ihre Funktion zu verstehen, sind zunächst Kenntnisse über ihren allgemeinen Aufbau unumgänglich.

2.3.1 Der allgemeine Aufbau und die Funktion der Kapillaren

Für die Geschwindigkeit der Verteilung von Substanzen wie Medikamenten und auch von Giften sind nicht die Gefäßwände der großen Gefäße und Arteriolen, sondern vielmehr die Endstrecken des zirkulatorischen Systems, die kleinen Ka-

34

pillaren von besonderer Wichtigkeit. Dies kommt besonders zum Ausdruck, wenn man die Oberfläche sämtlicher Kapillaren eines Menschen betrachtet. Sie wird auf die außerordentlich große Fläche von etwa 6000 bis 8000 m^2 geschätzt, und die Gesamtlänge aller Kapillaren liegt im Bereich von fast 100 000 km.

Es ist aber nicht nur die riesige Oberfläche selbst, sondern auch die Qualität der Durchblutung der einzelnen Organe entscheidend für die Verteilung der Substanzen. Neben dem Ausmaß der Durchblutung ist ebenfalls der verschiedene Aufbau der Kapillaren von Bedeutung.

Die Blutversorgung der Organe ist in der Niere mit ca. 500 ml/Minute pro 100 g Gewebe am größten, gefolgt von den Organen wie Gehirn, Herz und Leber mit etwa 50, dann folgt die Muskulatur mit 5, und am Schluß steht die Durchblutung von Fettzellen und Bindegewebe mit nur etwa 0.5 ml/Minute pro 100 g Gewebe.

Der morphologische Aufbau der Kapillaren bestimmt ihre Durchlässigkeit für wasserlösliche (hydrophile) Substanzen und damit deren Verteilung in den Kompartimenten. Grundsätzlich bestehen Kapillarwände aus zwei Schichten. Außen umschließt eine Basalmembran das Gefäßrohr, und das innere Rohr wird durch ein einschichtiges Endothel bekleidet. Strukturell können vier verschiedene Typen von Kapillaren unterschieden werden.

Typ	Basalmembran Endothel	Vorkommen im Organismus	für hydrophile Substanzen
1) diskontinuier- lich	lückenhaft lückenhaft	Leber, Milz, Knochenmark	sehr gut durchläs- sig
2) fenestriert	geschlossen fenestriert	Magen-Darm-Kanal, Nieren, Drüsen	gut durchlässig
3) kontinuierlich	geschlossen lückenlos	Herz-Skelett-Muskel, glatter Muskel	wenig durchlässig
4) kontinuierlich plus Gliazellen	geschlossen lückenlos	Gehirn, Rückenmark	nahezu undurchlässig

Tabelle 2: Die Tabelle beschreibt den histologischen Aufbau der 4 Kapillartypen und das Vorkommen der Kapillaren im Organismus. Außerdem ist die Durchlässigkeit für hydrophile Substanzen angegeben. Der 4. Typ erwirbt seine Undurchlässigkeit für hydrophile Substanzen durch das Aufliegen fettreicher Gliazellen auf der geschlossenen Basalmembran und dem lückenlosen Endothel. Er bildet eine besondere Barriere, die sogenannte Blut-Hirn-Schranke.

Die Kapillaren sind für alle lipophilen Substanzen gut durchlässig, das gilt auch für die Blut-Hirn-Schranke. Diese letztere Schranke ist aber praktisch impermeabel für wasserlösliche Stoffe, die größer als Harnstoffmoleküle sind. Zum einen ist diese Eigenschaft dadurch bedingt, daß die Endothelzellen im Gehirn dichter als in anderen Kapillaren aneinanderschließen, und weiterhin sind die Kapillaren im Gehirn mit einer eng anliegenden Schicht aus Gliazellen bedeckt. Für spezielle hydrophile Substanzen wie Glucose und Aminosäuren, die für den Stoffwechsel des Gehirns notwendig sind, bestehen gesonderte Transportmechanismen.

Die Kapillaren in der Leber weisen dagegen eine sehr gute Durchlässigkeit für hydrophile Substanzen auf. Dies kann auf ihren hohen Porenanteil zurückgeführt werden. Die Durchlässigkeit des vorliegenden diskontinuierlichen Typs ist so groß, daß sogar Albuminmoleküle, die in der Leber synthetisiert werden, durch die Kapillaren hindurchtreten können.

2.3.2 Der kolloidosmotische Druck der Plasmaproteine

Im allgemeinen verbleiben jedoch Proteine wie Albumin im Plasmaraum der Blutgefäße. Das ist auch in den Nierenkapillaren der Fall, wo im Netzwerk der glomerulären Kapsel die Durchlässigkeit etwa 50 mal so groß ist wie diejenige der Muskel-Kapillaren. Die Glomeruluskapillaren besitzen ein typisches fenestriertes Endothel (siehe Tabelle 2) mit großen Poren von 0.05 bis 0.1 µm Durchmesser, die für alle gelösten Bestandteile, nicht jedoch für Blutzellen passierbar sind. Die eigentliche Barriere für die Plasmaproteine ist im wesentlichen die Basalmembran, die so engmaschig ist, daß trotz der hohen Filtrationsgeschwindigkeit von ca. 125 ml Glomerulumfiltrat (Primärharn) pro Minute die Plasmaproteine den Blutraum nicht verlassen können. Das Ausschlußvolumen dieser Barriere liegt für Proteine bei einem Molekulargewicht von etwa 60 000. Ähnlich wie diese Barriere verhalten sich Modellmembranen wie eine Kollodium-Membran (Nitrozellulose), es konnte damit ein sogenanntes *kolloidfreies* Ultrafiltrat gewonnen werden, das in wesentlichen Teilen dem Primärharn entsprach.

Der Begriff „*Kolloid*" wurde 1861 von Thomas Graham eingeführt. Er benannte Kolloide nach ihrem Hauptvertreter, dem Leim (griechisch kolla). Dieser Begriff wurde später auch auf Makromoleküle wie Plasmaproteine übertragen.

Im Gegensatz zu einfachen Molekülen und Ionen können kolloide Teilchen Membranen aus Kollodium, Pergamentpapier usw. nicht durchdringen. Solche Membranen sind daher geeignet, aus kolloidalen Lösungen die kleinen Teilchen wie Ionen, die in echter Lösung vorliegen, von den Kolloiden abzutrennen. Dieser Vorgang wird als Dialyse bezeichnet. Während jedoch viele anorganische Kolloide im kolloiddispersen Zustand aus zahlreichen Molekülen zusammengesetzt sein können, liegen Proteine meist monodispers vor, d.h., die einzelnen Proteinmoleküle sind in Lösungen nebeneinander gelöst. Diese Tatsache soll uns zu dem physikalischen Phänomen des *osmotischen Druckes P* führen, der von der *Anzahl der gelösten Teilchen n* abhängig ist. Der osmotische Druck steht weiterhin in gleicher Weise in Beziehung zur Temperatur und zum Volumen wie der Druck eines Gases:

$$P = nRT/V \tag{7}$$

Die Gaskonstante ist mit R angegeben, T ist die absolute Temperatur und V das Volumen. *Bei konstanter Temperatur ist daher der osmotische Druck der Zahl gelöster Teilchen n proportional.* Obwohl die Plasmaproteine mengenmäßig mit etwa 72 g pro Liter unter den im Plasma gelösten Substanzen dominieren, tragen sie wegen ihres hohen Molekulargewichtes nur wenig zum osmotischen Druck bei. Dafür haben die großen Plasmaproteine das Bestreben, sich mit Wasser zu umgeben und Wasser zu binden. Durch ihre große „Hydrathülle" und ihre geringe Kapillarpermeabilität sind die Plasmaproteine verantwortlich für den sogenannten „*kolloid-osmotischen*" Druck von ca. 1.5 mosm/Liter oder 25 mmHg. Dagegen beträgt der gesamte osmotische Druck der Blutflüssigkeit etwa 300 mosm/Liter oder 6.72 x 760 mmHg (6.72 Atmosphären).

2.3.3 Die Kapillar-Zirkulation

Mit ihrem kolloid-osmotischen Druck stabilisieren die Plasmaproteine das Plasmavolumen. Die *Filtration von Flüssigkeit* aus Kapillaren hängt im wesentlichen von dem hydrostatischen Druck in den terminalen Gefäßen ab, erzeugt durch die Herzarbeit und den kolloid-osmotischen Druck. Am Anfang der Kapillaren ist der hydrostatische Druck noch größer als der kolloid-osmotische Druck der Plasmaproteine, und es resultiert ein entsprechender Flüssigkeitsstrom aus den Gefäßen heraus in den Zwischenzellraum. Im venösen Schenkel der Kapillaren ist der kolloidosmotische Druck aber größer als der hydrostatische Druck, und es erfolgt eine Flüssigkeitsbewegung zurück in die Kapillaren.

Dieser physiologische Flüssigkeitskreislauf der *Kapillar-Zirkulation* versorgt die Zellen mit Nährstoffen und dient gleichzeitig zum Abtransport von Stoffwechselprodukten. Berechnet man das gesamte Filtrationsvolumen pro Minute, so ergeben sich insgesamt ca. 3 Liter. Das heißt also, daß das gesamte Blutplasmavolumen von etwa 3 Litern in dieser kurzen Zeitspanne rezirkuliert wird. Dieser Verteilungsmechanismus betrifft nicht nur Nährstoffe und Stoffwechselprodukte, sondern auch Medikamente und toxische Substanzen.

2.4 Der Aufbau der Zellmembran

Membranen zeigen einen einheitlichen Aufbau. Das Charakteristische an einer Membran ist eine kontinuierliche Doppelschicht von Lipidmolekülen, in die hydrophobe Proteine eingebettet sind. Die äußere Zellmembran ist die sogenannte Plasmamembran (siehe Abb. 1 Acetylcholinrezeptor mit Plasmamembran). Im in Kapitel 2.1.1 dargestellten Drei-Kompartiment-Modell wird das intrazelluläre Kompartiment vereinfachend als homogen betrachtet. Subkompartimente wie Mitochondrien werden nicht berücksichtigt. Deshalb steht die Plasmamembran hier im Mittelpunkt der Betrachtung. Sie ist eine asymmetrische Membran, die an ihrer Außenseite an Proteine und Lipide gebundene Kohlenhydrate trägt, die sogenannten Glykoproteine und Glykolipide. Der Anteil von Lipid, Protein und Kohlenhydraten ist charakteristisch für jeden Zelltyp.

Für die Verteilung von Medikamenten und toxischen Substanzen ist jedoch nicht so sehr die Biochemie der Membran, sondern mehr das allgemeine physikalisch-chemische Verhalten dieser Barriere von Bedeutung und soll darum mit einem geschichtlichen Rückblick besonders erörtert werden (Modelle und Geschichte der Zellmembran siehe G. F. Fuhrmann: Allgemeine Toxikologie für Chemiker, Seiten 53 bis 59).

2.4.1 Geschichte der Membranpermeabilität

Im Jahre 1926 beschrieb *Leonor Michaelis* die Permeabilität von Membranen (Die Naturwissenschaften 14. Jahrgang, Heft 3, 33-42, 1926) aus seiner Sicht und gab Impulse, die zum Teil noch heute so aktuell sind, wie sie es zu der damaligen Zeit waren. Michaelis hat von 1875 bis 1949 gelebt; er ist nicht nur der geniale Begründer der Enzymkinetik, sondern auch ein Pionier der Permeabilitäts- forschung, dem wir das erste physikalische Membranmodell verdanken.

Von dem Vorhandensein einer *Plasmamembran als Zellgrenze* war man schon sehr früh überzeugt, obwohl diese bei tierischen Zellen im Gegensatz zu pflanzlichen Zellen nicht mit dem Mikroskop sichtbar war. Man konnte aber aus verschiedenen Experimenten auf das Vorhandensein von Membranen schließen. Wenn man z.B. rote Blutzellen mit einem Mikromanipulator unter dem Mikroskop anritzte, so sah man ihren Inhalt auslaufen.

Die ersten Resultate über die Zellpermeabilität wurden meist an pflanzlichen Zellen erhoben und ergaben, daß die Zellmembranen für eine Reihe von gelösten

Substanzen undurchgängig, für andere dagegen durchgängig waren. Insbesondere fiel der Befund auf, daß Membranen für Elektrolyte oft undurchlässig waren.

2.4.2 Molekularsiebwirkung

Ein gutes Modell für physiologische Zellmembranen schien die im Jahre 1867 von *Moritz Traube* gefundene *Niederschlagsmembran* zu sein, welche bei der Berührung von Kupfersulfat und Kaliumhexacyanoferrat entsteht. Ihr analoges Verhalten zu den Plasmamembranen bestand darin, daß sie für Wasser durchgängig, aber für beinahe alle in Wasser gelösten Substanzen undurchgängig war. Dieses Verhalten der Membranen bezeichnete man als semipermeabel. In der physikalischen Chemie begannen diese *semipermeablen Membranen* eine sehr wichtige Rolle zu spielen.

Besonders in den Händen von *J. H. Van't Hoff* wurde diese künstlich erzeugte Niederschlagsmembran zu einem wichtigen Instrument der physikalischen Chemie. Anhand der Meßergebnisse wurden wichtige *Gesetze des osmotischen Drukkes* erkannt. Van't Hoff formulierte 1887 als Grundsatz für die Theorie der Lösungen: „*Der osmotische Druck einer Lösung entspricht dem Druck, welchen die gelöste Substanz bei gleicher Molekularbeschaffenheit als Gas oder Dampf im gleichen Volumen und bei derselben Temperatur ausüben würde.*" Die für den kolloidosmotischen Druck beschriebene Gleichung P = nRT/V (7) wird *Van't Hoffsche Gleichung* genannt. Sie stellt allerdings ebenso wie die ideale Zustandsgleichung der Gase ein Grenzgesetz dar und gilt im strengen Sinne nur für verdünnte Lösungen. In der physikalischen Chemie wurde die für Wasser durchgängige künstliche Niederschlagsmembran zunächst nur als ein gegebenes Instrument hingenommen, ohne die molekularen Ursachen ihrer *Semipermeabilität* zu kennen.

Über die möglichen Ursachen der Semipermeabilität hatte sich aber bereits M. Traube, der Erfinder der künstlichen Membran, Gedanken gemacht. Seine Vorstellung war, daß die Ursache der Semipermeabilität in einem räumlichen Mißverhältnis zwischen der Porenweite der Membran und der Größe des Moleküls des nicht permeierenden Stoffes zu suchen sei.

Im Jahre 1924 bestätigte *R. Collander* durch Modellversuche an der Kupfer- zyanoferrat-Membran diese Vorstellung, indem er zeigte, daß kleine Moleküle wie Wasser, Harnstoff und Acetamid durch die Membran penetrieren konnten, größere Moleküle wie Rohrzucker hingegen nicht. Aus dieser Anschauung resultierte die wichtige Membranhypothese über die *Molekularsiebwirkung*.

2.4.3 Lipoidtheorie

Zweifel an der Anwendbarkeit der sogenannten Molekularsiebtheorie auf Zellmembranen kamen jedoch auf, als ein weiterer Mechanismus für die physiologische Permeabilität von Membranen bekannt wurde. Die ursprüngliche Idee darüber stammte von *Walther Nernst* (1890), der annahm, daß die unterschiedliche Permeabilität der Zellmembran für verschiedene Stoffe auf einer auswählenden Lösefähigkeit der Plasmamembran beruhen könnte. *Charles E. Overton* entwickelte daraus seine *Lipoidtheorie* (1895, 1899), und fast gleichzeitig beschrieb *Hans Horst Meyer* (1899) die *Lipoidtheorie der Narkose*.

Der Inhalt beider Lipoidtheorien kann so zusammengefaßt werden, daß die Zellen sich hinsichtlich ihrer Durchlässigkeit für gelöste Stoffe so verhalten, als ob sie von einer fettartigen, lipoiden Membran eingehüllt wären. Für die meisten organischen Verbindungen hat Overton in seinen Permeabilitätsuntersuchungen festgestellt, daß sie um so schneller in die Zelle eindringen, je größer ihre Fettlöslichkeit ist.

Neben der Fettlöslichkeit ist auch eine gewisse Wasserlöslichkeit nötig, damit überhaupt eine Permeation durch die Plasmamembran stattfinden kann. So werden z.B. vollkommen wasserunlösliche Paraffine nicht in die Zelle aufgenommen.

Die Lipoidtheorie der Narkose ging davon aus, daß eine quantitative Beziehung zwischen der Wirkungsstärke von Narkotika und ihrer Verteilung zwischen den Gehirnlipoiden und den Körperflüssigkeiten existiert. Da es zu dieser Zeit experimentell nicht möglich war, die Verteilung eines Testmoleküls in den fettartigen Substanzen der Nervenzellmembranen einerseits und den wäßrigen Körperflüssigkeiten andererseits zu messen, begnügte man sich mit einem Modellsystem aus *Olivenöl* und *Wasser*.

Hans Horst Meyer (1899) und Charles E. Overton (1901) haben den Verteilungskoeffizienten zwischen Olivenöl und Wasser für eine große Anzahl indifferenter Verbindungen mit narkotischer Wirkung wie Ethanol, etc. und narkotisch wirkenden Medikamenten gemessen und ihre narkotische Wirkungsstärke verglichen.

Die Wirkungsstärke wurde durch die niedrigste molekulare Konzentration ausgedrückt, welche zur Narkose von in Flüssigkeit schwimmenden Kaulquappen (Froschlarven) oder kleinen Fischen führt. Ein Beispiel hierfür gibt die Abbildung 7, die Ergebnisse von *F. Baum*, einem Mitarbeiter von H. H. Meyer, zeigt.

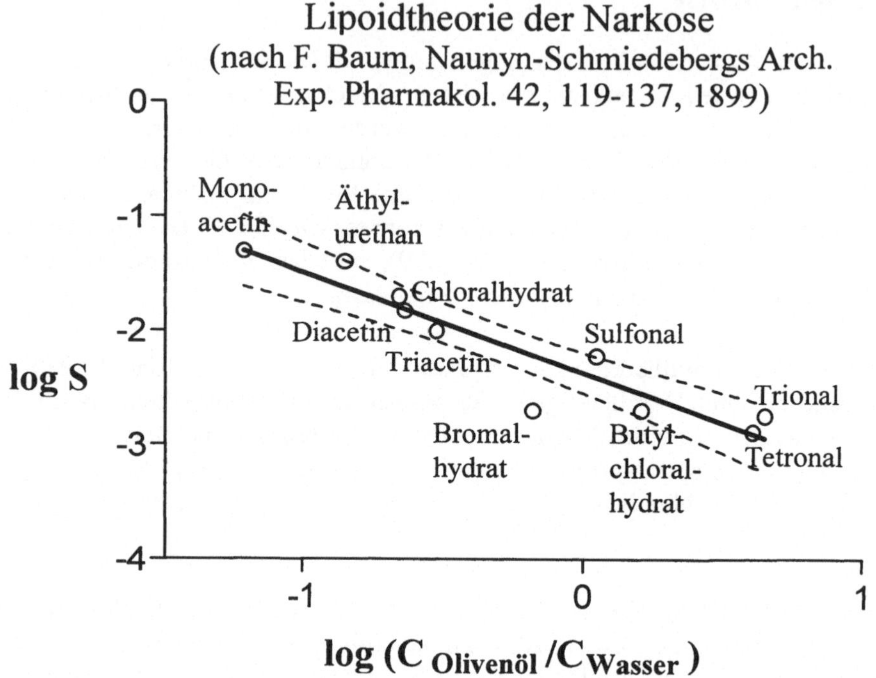

Abb. 7: Doppelt logarithmische Darstellung der minimalen narkotischen Konzentration (S) an Kaulquappen, aufgetragen gegen den Verteilungskoeffizienten der entsprechenden Substanzen zwischen Olivenöl und Wasser. Monoacetin (Glycerylmonoacetat), Diacetin (Glyceryldiacetat), Triacetin (Glyceryltriacetat), Sulfonal (Diethylsulfondimethylmethan), Trional (Diethylsulfonmethylethylmethan) und Tetronal (Diethylsulfondiethylmethan).

Zu den untersuchten Substanzen gehörten Schlafmittel wie Sulfonal, Trional, Tetronal, Chloralhydrat, Bromalhydrat, Butylchloralhydrat, Lösungsmittel wie Monoacetin, Diacetin und Triacetin und das in der Veterinärpharmakologie benutzte Narkotikum Ethylurethan. Der Vergleich der Verteilungskoeffizienten mit der narkotischen Wirkungsstärke der Substanzen zeigt, daß die zur Narkose führende Konzentration regelmäßig mit dem ansteigendem Verteilungskoeffizienten abnimmt. Die Wirkungsstärke steigt also mit der Fettlöslichkeit der Substanzen an. Dieser Zusammenhang ist eine entscheidende Voraussetzung für die Wirkung von Narkotika im Zentralnervensystem.

Eine chemische Ähnlichkeit der Substanzen läßt sich nur schwer herstellen, es fällt vielmehr auf, daß es in der Tat gar keine lipoidlöslichen Substanzen gibt, die keine narkotischen Eigenschaften besitzen. Das Wirksamwerden von Narkotika an dem Nervensystem ist durch ihre Lipoidlöslichkeit allein und ihre mögliche schnelle Permeation in die Nervenzelle nicht zu erklären. Deswegen wurde die Narkose bereits zu der damaligen Zeit als eine physiko-chemische Erscheinung an Nervenzellen aufgefaßt.

2.4.4 Mosaiktheorie

Die Vorstellung, daß die Plasmamembran nur ein einfaches lipoides Lösungsmittel für fettlösliche Substanzen ist und damit ihren Durchtritt ermöglicht, wurde durch weitere Permeabilitätsuntersuchungen immer mehr in Frage gestellt. So ist die Plasmamembran für Wasser außerordentlich permeabel. Der Aufbau der Plasmamembran aus einer reinen Ölhaut würde aber den schnellen Wasseraustausch ausschließen. Außerdem gab es Beobachtungen an roten Blutzellen, die ebenfalls gegen die Lipoidtheorie sprachen. Diese Zellen erwiesen sich für Anionen wie Chlorid und Bikarbonat als sehr gut permeabel, dagegen war eine wesentliche Kationenpermeabilität nicht feststellbar. Auf der anderen Seite erwies sich die Apfelschale als eine Art Modellmembran von wachsartiger Konsistenz für Kationen gut durchlässig und für Anionen nicht. Das sind nur einige Beispiele, um zu zeigen, daß sowohl die molekulare Siebtheorie als auch die Lipoidtheorie in der damaligen Zeit nicht allein in der Lage waren, das Permeabilitätsverhalten von Zellbegrenzungen angemessen zu beschreiben.

A. Nathansohn (1904) versuchte darum, die Sieb- und die Lipoid-Theorie in seiner *Mosaiktheorie* der Membran zu vereinen. Er nahm an, daß die Membran mosaikartig aus lipoidartigen Teilchen und aus nicht-lipoidartigen Siebstrukturen zusammengesetzt ist, um damit ihre Permeabilität für lipoidlösliche und wasserlösliche Substanzen zu erklären.

2.4.5 Der Vorteil künstlicher Membranen

Unbefriedigt über die Erkenntnisse der Biologie der Zellmembranen schreibt Leonor Michaelis in seinem Resümee von 1926: „Es erscheint fast aussichtslos, das Wesen der physiologischen Membranwirkung zu ergründen, solange noch so wenig über das Wesen von gewöhnlichen Membranen bekannt ist." Er war jedoch nach wie vor von der Wichtigkeit der Aufklärung der Permeabilität von Plasmamembranen überzeugt und suchte in seiner Zeit nach einem anderen Weg.

Die künstliche Niederschlagsmembran von M. Traube hatte in den Händen von J. H. Van't Hoff und R. Collander eine wesentliche Bereicherung der zuvor rein phänomenologischen Kenntnisse der physikalischen Chemie erbracht. Die Intention von Michaelis ging also dahin, die Kenntnisse der toten Membran erst ein wenig zu erweitern. Sein Plädoyer für Untersuchungen an einem einfachen Modell sollen in dem von ihm zitierten Satz zum Ausdruck kommen: "Die Gesetze der Membranpermeabilität schon heute an lebenden Objekten theoretisch zu fördern, scheint mir ebenso aussichtslos, als wenn man es unternommen hätte, die Gesetze der Elektrizität auf der Basis der physiologischen Aktionsströme zu entwickeln, während doch der umgekehrte Weg allein gangbar sein kann."

2.4.6 Die Kollodium-Membran von Leonor Michaelis

In der Regel wurden Kollodium-Membranen hergestellt, indem man in Ethanol und Ether gelöste Nitrozellulose in ein Glasgefäß gießt und die Lösungsmittel verdunsten läßt. Es bildet sich dabei an der Glaswand ein zusammenhängender Film aus Nitrozellulose, der abgelöst werden kann und in Wasser eingebracht koaguliert. Sobald die abgelöste Filmhülse mit Wasser in Berührung kommt, ist die Permeabilität dieser als Kollodium-Membran bezeichneten Dialysierhülse beständig. Eine Modifikation von Michaelis bestand darin, diese Hülsen vor der Berührung mit Wasser an der Luft vollständig auszutrocknen. Diese Art der *getrockneten Kollodium-Membran* galt als impermeabel, da an ihr selbst nach wochenlanger Beobachtung keine Diffusion von HCl oder KCl gegen Wasser nachweisbar war.

Seine genaue Beobachtungsgabe führte jedoch Michaelis dazu, eine Permeabilität unter bestimmten Bedingungen festzustellen: Wenn man nämlich eine HCl-Lösung mittels der Kollodium-Membran nicht wie vorher gegen Wasser, sondern gegen eine KCl-Lösung abtrennt, so beginnt nach 1 bis 2 Tagen die KCl-Lösung sauer zu werden, und man findet K^+-Ionen in der HCl-Lösung. Läßt man KCl gegen NaCl diffundieren, so findet man nach einigen Tagen K^+-Ionen in der NaCl-Lösung, während bei Verwendung von KCl und KNO_3 kein Anionenaustausch zustande kommt. Gegen reines Wasser erscheint die Membran dagegen sowohl für KCl wie NaCl als völlig undurchlässig.

Schon diese einfachen Diffusionsversuche legten bei Michaelis den Gedanken nahe, daß die Kollodium-Membran für Kationen durchlässig und für Anionen undurchlässig zu sein schien, ähnlich wie bestimmte biologische Membranen. Seine Untersuchungen an der Apfelschale hatten gezeigt, daß sie eine selektive Kationenpermeabilität aufweist, und er notierte in diesem Zusammenhang das gegenteilige Verhalten bei den roten Blutzellen, nämlich eine selektive Anionenpermeabilität. Um den Mechanismus an dieser Stelle zu präzisieren: Die Kollodium-Membran war nur zum elektroneutralen Kationenaustausch geeignet, aber nicht zum elektrogenen Transport von Kationen befähigt.

2.4.7 Das Membranpotential der Kollodium-Membran

Eine empfindlichere Methode als die Bestimmung der zeitabhängigen Ionenkonzentration zu beiden Seiten der Membran zur Beurteilung der Ionenpermeabilität ist die von Michaelis eingeführte potentiometrische Messung. Hierzu bringt man auf beide Seiten der Kollodium-Membran zwei verschiedene Elektrolytlösungen und leitet aus diesen mit unpolarisierbaren Elektroden das elektrische Potential ab.

Zur Überraschung von Michaelis war dieses Potential weit größer als für ein Diffusionspotential in einer Flüssigkeit zu erwarten war. Zum Nachweis benutzte er die von *Walther Nernst* (1888) abgeleitete Gleichung für einwertige Elektrolyte. Für die elektromotorische Kraft Π, in Volt angegeben, ergibt sich:

$$\Pi = \frac{u-v}{u+v} \times \frac{RT}{F} \ln \frac{c_2}{c_1}$$

$$\Pi = \frac{u-v}{u+v} \times 0.058 \log \frac{c_2}{c_1}$$

$$(8)$$

Dabei sind u die relative Wanderungsgeschwindigkeit eines monovalenten Kations, v die eines monovalenten Anions sowie c_2 die höhere und c_1 die niedere Elektrolytkonzentrationen zu beiden Seiten der Membran. R ist die Gaskonstante, T die absolute Temperatur und F die Faraday-Konstante. Die Zahl 0.058 ergibt sich bei der Umwandlung in den dekadischen Logarithmus und bei einer Versuchstemperatur von 20°C ([8.314 x 293]/[96480 x 0.4343]).

Michaelis trennte eine 0.1 M und eine 0.01 M Salzsäure durch eine solche Kollodium-Membran und bestimmte das Potential der beiden Lösungen unter Eliminierung aller sonstigen Diffusionspotentiale. Das Ergebnis war, daß die verdünntere Lösung in der Regel um 50 Millivolt positiver ausfiel. Diese Zahl war innerhalb von 2 bis 3 Millivolt bei den Versuchen von Michaelis reproduzierbar und für die präparierten Kollodium-Hülsen in diesem Bereich individuell. Der höchste gemessene elektromotorische Wert betrug 55 Millivolt, und das ist fast der Betrag, den man erwarten müßte, wenn die Membran für H-Ionen durchlässig und für Cl-Ionen undurchlässig ist.

Der Maximalwert von 58 Millivolt wird nur erreicht, wenn in der Nernstschen Gleichung (8) die relative Wanderungsgeschwindigkeit des Anions v den Wert null annimmt und die Aktivitäten der H-Ionen sich wie 1:10 verhalten. Michaelis nahm daher an, da bei einer Konzentrationsdifferenz von 1:10 die Aktivitäten sich etwas weniger als 1:10 unterscheiden, daß ein entsprechender Abzug am

Maximalwert vorgenommen werden muß. Ähnlich ergab eine 0.1 M und 0.001 M Salzsäure an beiden Seiten der Kollodiummembran etwa 110 Millivolt. Diese Messungen hatten zunächst den Anschein, daß die Kollodiummembran sich ebenso verhält, wie die Glasmembran einer pH-Elektrode, welche fast ausschließlich für H-Ionen permeabel ist. Der wesentliche Unterschied der Kollodiummembran gegen die Glasmembran bestand darin, daß z.B. eine Kette mit 0.1 und 0.01 M KCl-Lösung praktisch genau dieselbe Potentialdifferenz ergab, nämlich in der Regel 45 bis 52 Millivolt. Dasselbe galt auch für Konzentrationsketten mit irgendeinem einwertigen Kation und einem Anion beliebiger Wertigkeit. Die Potentialmessungen bestätigten damit in eindrucksvoller Weise die einfachen Diffusionsversuche an den Kollodium-Membranhülsen und zeigten, daß diese Membran wirklich nur kationenpermeabel und nicht anionenpermeabel ist.

Weitere Versuche mit anderen Alkalisalzen bestätigten dies und zeigten, daß für die Höhe der elektromotorischen Kraft die Natur des Anions ganz gleichgültig ist. Wenn man zu beiden Seiten der Kollodium-Membran zwei Lösungen verschiedener Salze, aber von gleicher Molarität angrenzen läßt, so erhält man immer dann ein Potential gleich null, wenn die beiden Salze ein gemeinsames Kation haben. Die Potentialhöhe für verschiedene Kationen nimmt in der Reihenfolge $H^+ > Rb^+ > NH_4^+ > K^+ > Na^+ > Li^+$ ab. Die Reihenfolge der Kationen ist für die Membran und für freie Lösungen die gleiche, aber die Unterschiede sind bei zwischengeschalteter Membran weitaus größer.

Der größte Unterschied, dem zwischen H^+ und Li^+, ergibt z. B. für die freie wäßrige Lösung ein Verhältnis von 9 : 1, in der Kollodium-Membran aber von etwa 900 : 1. Dieses unterschiedliche Verhalten wurde von Michaelis damit begründet, daß die Kationen infolge ihrer unterschiedlichen Wasserhülle nicht so effektiv in die Kollodium-Membran eindringen können. Dabei ist unter den Alkaliionen das Li^+, welches zwar das kleinste Atomgewicht hat, doch als das größte Ion anzusehen, weil es wegen seiner hohen Ladungsdichte die größte Wasserhülle hat.

Michaelis folgerte aus seinen Versuchen: „Ist nun der Durchmesser eines Porenkanälchens in der Membran von der Größenordnung eines solchen scheinbaren Ionendurchmessers, so muß die Beweglichkeit des Ions in starkem Maße von dem Volumen der Hydrathülle beeinflußt werden, in viel stärkerem Maße als bei der Diffusion in freiem Wasser."

2.4.8 Das Konzept der Festladung in der Membran

Mit den vorhergehenden Versuchen konnte jedoch nicht der genaue Mechanismus beschrieben werden, warum bei der Kollodium-Membran, wie bei der Apfel-

schale, eine selektive Kationenpermeabilität besteht. Untersuchungen an Eiweiß-
membranen boten dabei eine mögliche Erklärung. Es wurden für diese Versuche
Hülsen aus Filtrierpapier mit Gelatine imprägniert. Elektrolytlösungen aus Natri-
um-Acetat-Puffer erlaubten dabei die Bestimmung des Membran- potentials dieser imprägnierten Membran oberhalb und unterhalb des isoelektrischen Punktes
der Gelatine, der bei einem pH-Wert von 4.7 liegt. Das Ergebnis zeigte, daß sich
im pH-Bereich des isoelektrischen Punktes der Gelatine das Diffusionspotential
bei Konzentrationsverhältnissen von 1:10 mit und ohne Membranabtrennung
nicht signifikant unterscheidet. Lag der pH-Wert im alkalischen Bereich, also
oberhalb des isoelektrischen Punktes, wurde ein positiveres Membranpotential
und im sauren Bereich ein negativeres als das freie Diffusionspotential gemessen.

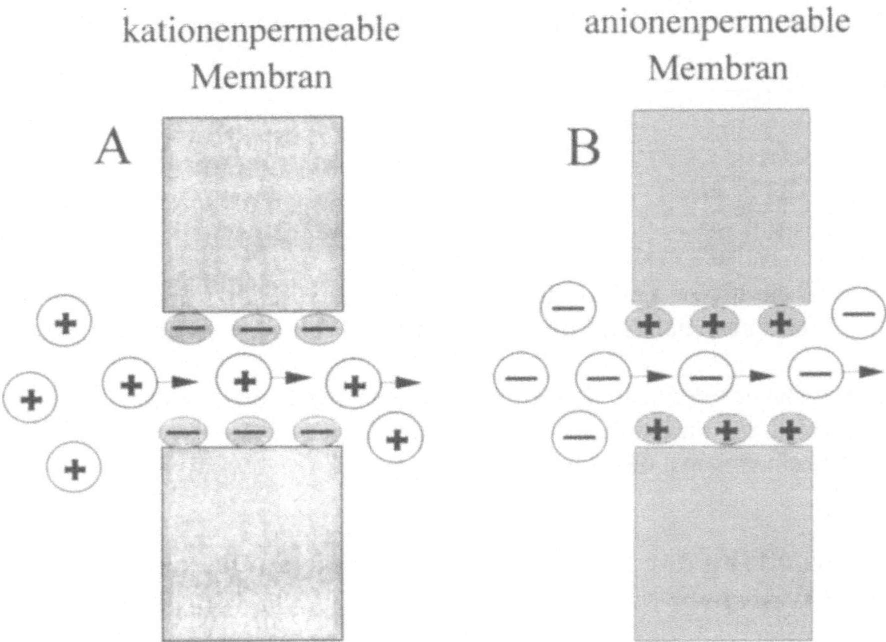

Abb. 8: Modellvorstellung von Leonor Michaelis: A, selektiv kationenpermeable und B, selektiv
anionenpermeable Membran. Es wird dabei vorausgesetzt, daß die Beweglichkeit des monovalenten Anions v bzw. Kations u in der Pore auf null reduziert ist.

Für diese Erscheinung wurde die *Säure-Base-Eigenschaft der Gelatine* verantwortlich gemacht. Im Bereich unterhalb des isoelektrischen Punktes werden mehr
und mehr Aminogruppen protoniert, und die Membran weist deshalb eine positive Überschußladung auf. Sie vermindert damit effektiv die Kationenbewegung in
der Membran und erhöht gleichzeitig die Anionenpermeabilität. Umgekehrt ist
oberhalb des isoelektrischen Punktes die Anionenpermeabiltät vermindert, und

46

die Kationendurchlässigkeit wird größer. Das allgemeine Resultat dieser Beobachtungen wurde von Michaelis so zusammengefaßt: *„Elektronegative Membranen vermindern die Beweglichkeit von Anionen, elektropositive Membranen die von Kationen."*

Für die Porenladung der Kollodium-Membran nahm Michaelis an, daß diese negative Festladung aufgrund physikalischer Adsorption von kleinen Anionen zustande kommt. Bei der Gelatine, als Vertreter der amphoteren Eiweiße, liegt dagegen eine chemische Ursache vor, es wurden hierbei NH_3^+-Gruppen von Aminosäureseitenketten für die positive Ladung der Poren verantwortlich gemacht.

Das Ergebnis kann allgemein auch als Gleichung für das Membranpotential ausgedrückt werden, wenn die Membran permeabel ist für Kationen:

$$\Pi = \frac{RT}{F} \ln \frac{u_2}{u_1}, \tag{9}$$

oder für Anionen:

$$\Pi = -\frac{RT}{F} \ln \frac{v_2}{v_1}. \tag{10}$$

Dabei sind u_2 die höhere und u_1 die niedere Konzentration an Kationen, und für Anionen gilt entsprechend v_2 als die höhere und v_1 als die niedere Konzentration.

Das Wesentliche der Permeabilitätsuntersuchungen von Leonor Michaelis ist das Membranmodell zur Funktion der Ionenselektivität (siehe auch Abb.1, negative Ladung im Kationenkanal des Acetylcholinrezeptors).

2.4.9 Anwendung der Physikalischen Chemie auf Zellen und Gewebe

In diesem geschichtlichen Rückblick über die Permeabilitätstheorie der Membran darf der Name von *Rudolf Höber* nicht fehlen, eines der bedeutendsten Physiologen, der versucht hat, die verschiedensten Theorien über das Wesen der Permeabilität zu werten, und der konsequent die Gesetzmäßigkeiten der Physikalischen Chemie auf die Zellen übertragen hat. Sein Buch trägt den bezeichnenden Titel: "Physikalische Chemie der Zellen und Gewebe" und ist von 1902 bis 1947 in mehreren Auflagen erschienen. Es gibt in seiner Anschaulichkeit und Ausführlichkeit nichts Vergleichbares, das den Werdegang der Vorstellungen über die Membranpermeabilität wiedergeben könnte. Ohne diese Brücke ist es nur schwer möglich, in die heutigen Theorien über die Permeabilität einzudringen.

2.5 Membranpermeabilität für Substanzen

Der vorhergehende geschichtliche Rückblick hat das Entstehen der verschiedenen Membranpermeabilitätstheorien kurz angezeigt. Bei der Aufnahme, Verteilung und Ausscheidung müssen Medikamente und toxische Substanzen erst verschiedene Membranbarrieren passieren, bevor sie zum eigentlichen Wirkort gelangen. Der Membrantransport von Substanzen erfolgt grundsätzlich auf drei verschiedenen Wegen: *einfache Diffusion*, *carriervermittelter Transport* und *vesikulärer Transport*.

2.5.1 Transport durch Diffusion

Der Aufbau der Plasmamembran wurde im Kapitel 2.4 als eine kontinuierliche Lipiddoppelschicht beschrieben, in die hydrophobe Proteine eingebettet sind. Ein Diffusionstransport von Substanzen kann sowohl durch die Lipiddoppelschicht als auch über die hydrophoben Proteine erfolgen. Dies soll exemplarisch am Transport von Wasser am Membranmodell des Erythrozyten gezeigt werden.

• Permeation kleiner Moleküle durch die Lipidphase der Membran

Wasser kann am einfachsten durch die Lipidphase der Erythrozytenmembran diffundieren. Dieser Diffusionsweg wird durch keine pharmakologischen Substanzen gehemmt. Charakteristisch für die Diffusion von H_2O durch die Lipiddoppelschicht ist seine deutliche Temperaturabhängigkeit mit einer relativ hohen Aktivierungsenergie von über >10 kcal/mol. Eine Erklärung hierfür bietet die dichtere Packung der Lipidmoleküle bei niedriger Temperatur im Vergleich zur Packung bei höherer Temperatur.

• Permeation von Wasser durch Membrankanäle

Ein zweiter Diffusionsweg von H_2O durch die Erythrozytenmembran wurde erst 1991 von *G. M. Preston* and *P. Agre* beschrieben. Sie fanden, daß ein kleines Kanalprotein von 28 kDa in der Plasmamembran hauptsächlich für den Wassertransport verantwortlich ist (Abb. 9). Dieser Wasserkanal wurde zunächst als CHIP28 bezeichnet (<u>ch</u>annel-forming <u>i</u>ntegral membrane <u>p</u>rotein) und in der Membran von Erythrozyten gefunden. Pro Erythrozyt gibt es etwa 150 000 solcher Kanäle. In der Genomnomenklatur wurden dieser und ähnliche Wasserkanäle, die sich auch in anderen Zellen und ganz besonders in der Niere fanden, allgemein als *Aquaporine* bezeichnet. Im Gegensatz zur Wasserdiffusion durch die Lipiddoppelschicht ist der Transport von H_2O durch den Aquaporinkanal mit Quecksilber-Ionen hemmbar. Der Wirkort des Quecksilbers ist die Aminosäure

Cystein (C189) in der Aminosäurensequenz des Aquaporins. Es besteht aus 6 hydrophoben transmembranösen Domänen. Zwei Außenloops formen zusätzlich einen hydrophoben Ring, der aus 6 Aminosäuren gebildet wird und wahrscheinlich die eigentliche Wasserpore darstellt. Aufgrund der permanenten Durchgängigkeit des Wasserkanals ist seine Temperaturabhängigkeit für die Passage von H_2O nur sehr gering. Es resultiert eine Aktivierungsenergie von weniger als < 4 kcal/mol, die statistisch nicht verschieden von einer Diffusion von Wasser in Wasser ist. Der Kanalquerschnitt ist so klein, daß nur H_2O-Moleküle und keine H_3O^+-Ionen oder andere kleine Moleküle wie Glycin, Harnstoff, Ethanol penetrieren können.

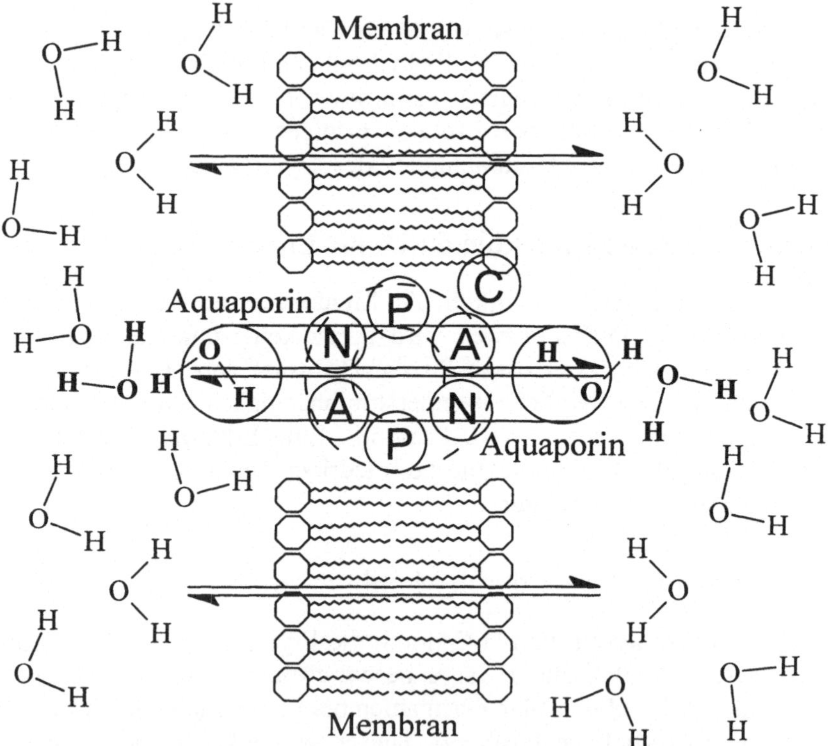

Abb. 9: Transportwege von H_2O durch die Plasmamembran. Aquaporin ist ein durchgängiger Wasserkanal. Die engste Stelle des 28 kDa Proteins wird vermutlich durch einen Ring von 6 Aminosäuren gebildet mit je zwei Asparagin (N), Prolin (P) und Alanin (A) Aminosäuren. Quecksilber-Ionen können den Wasserdurchtritt durch Aquaporin hemmen. Der Reaktionsort ist die Aminosäure Cystein (C189), die sich in der unmittelbaren Nähe der Wasserpore befindet. Der Transport von Wasser durch die Lipiddoppelschicht der Membran besitzt eine viel höhere Aktivierungsenergie, da wegen der dichten Packung der Lipide bei niedriger Temperatur seine Diffusion erschwert ist. Nach Peter Agre et al. 1995.

Die Lipiddoppelschicht und Aquaporin sind jedoch nicht die einzigen Kanalstrukturen, die eine Wasserpermeabilität durch die Membran ermöglichen. Untersuchungen am Glucosetransporter Glut1 in der Erythrozytenmembran haben 1989 gezeigt, daß über diesen carriervermittelten Glucosetransport auch H_2O-Moleküle die Membran permeieren können. Außerdem wurden noch andere carriervermittelte Transporter, wie der Anionentransporter, für wasserpermeable Strukturen gehalten. Diese Beispiele sollen zeigen, daß die Diffusionswege von kleinen Molekülen wie Wasser durch die Membran überaus vielfältig sein können.

Für kleine Moleküle wie Glycin oder Harnstoff werden außerdem spezielle Membrantransporter in der Erythrozytenmembran diskutiert. Das Auffinden von Transportproteinen für Acetat und Ethanol in der Hefeplasmamembran hat zur Revision des früheren Standpunktes geführt, daß kleine Moleküle allein durch Diffusion die Membran passieren können. Dagegen gilt dies immer noch für gasförmige Stoffe wie O_2, CO_2, CO, NH_3 und HCN.

• Diffusion lipophiler Moleküle

Die größte Bedeutung für die große Anzahl der lipophilen Moleküle, die als Medikamente oder als toxische Substanzen die Lipiddoppelschicht der Membran durchqueren können, besitzt sicherlich die Diffusion. Wie H. H. Meyer und Ch. E. Overton gezeigt haben, korreliert die Permeabilität durch die Lipiddoppelschicht mit dem Verteilungskoeffizienten der Substanzen, der sich aus dem Quotienten der Konzentration der Substanz in der Lipidphase zur Konzentration in der Wasserphase ergibt. Als ein Modell-Lipid für den Aufbau der Membran wurde, wie in Kapitel 2.4.3 berichtet, Olivenöl verwendet (Abb. 7).

Da Olivenöl ein biologisches Produkt ist, welches wegen unterschiedlicher Zusammensetzung nach Herkunft und industrieller Reinigung nicht standardisiert werden kann, werden heute zur besseren Reproduzierbarkeit der Experimente reine chemische Lösungsmittel wie Hexadekan oder Octanol als Modell für die Membranlipiddoppelschicht verwendet. Um die Permeabilität von Substanzen zu charakterisieren und von Zelle zu Zelle vergleichbar zu machen, benutzt man die Ficksche Gleichung:

$$dm/dt = K_d \times V_k \text{ (Membranoberfläche/Membrandicke)} \, \Delta c \qquad (11)$$

Dabei ist dm/dt die Aufnahmegeschwindigkeit der Menge der penetrierenden Substanz (m) in der Zeit (t). K_d ist die Diffusionskonstante in $[cm^2 sec^{-1}]$, V_k der

50

Verteilungskoeffizient der Substanz (Konzentration in der Lipidphase/Konzentration im Wasser) und Δc die Konzentrationsdifferenz der Substanz an den angrenzenden Wasserphasen. Da die genaue Membrandicke nicht überall an jeder Zelle bestimmt werden kann, zieht man die Membrandicke in die Diffusionskonstante mit ein und definiert eine neue Konstante, die sogenannte *Permeabilitätskonstante P*:

$$P = \frac{K_d}{\text{Membrandicke(cm)}} = \frac{\left[cm^2 sec^{-1} \right]}{cm} = cmsec^{-1} \tag{12}$$

Für die Diffusion durch die Membran ergibt sich dann:

$$dm/dt = P \times V_k(\text{Membranoberfläche}) \times \Delta c \tag{13}$$

Die Diffusionsgeschwindigkeit einer lipophilen Substanz ist damit von ihrer Permeabilitätskonstante P abhängig sowie von dem Verteilungskoeffizienten V_k, der Membranoberfläche in cm^2 und der Triebkraft in Form des Konzentrationsgradienten Δc.

2.5.2 Carriervermittelter Transport

Im Gegensatz zu den Kanalproteinen binden Transportproteine ihre Substrate an spezielle Bindungsstellen. Die Bindung an den Transporter führt zu einer Konformationsänderung des Proteins und zur Translokation des Substrates auf die gegenüberliegende Membranseite. Einige Medikamente und auch toxische Substanzen benutzen solche Carriertransporte (Abb. 10).

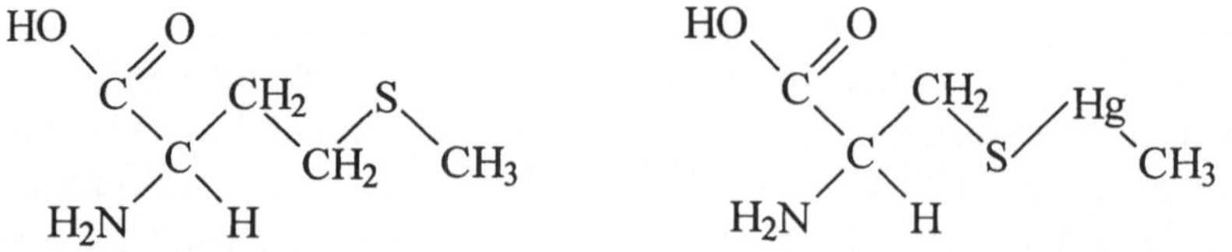

HO O C CH₂ S C CH₂ CH₃ H₂N H

Methionin

HO O C CH₂ Hg C S CH₃ H₂N H

Methylquecksilbercystein

Abb. 10: Die Aminosäure Methionin wird durch einen carriervermittelten Aminosäuretransport in die Zelle transportiert. Methylquecksilber-Cystein benutzt als ein analoges Substrat denselben Carrier aufgrund seiner strukturellen Ähnlichkeit mit Methionin. Dieser Mechanismus wird als Mimikry bezeichnet. Nach T. Clarkson.

Methylquecksilber-Chlorid besitzt eine hohe Affinität zu Thiolgruppen. Als Methylquecksilber-Cystein-Komplex wird es sowohl im Gehirn als auch in der Niere über den Aminosäuretransport des Methionins effektiv durch die Membran transloziert, und es kommt zu einem schnellen Austausch des Methylquecksilbers innerhalb und außerhalb der Zelle mit anderen Thiolgruppen.

Ein Beispiel für den Carriertransport eines Medikamentes soll das dem Noradrenalin ähnliche α-Methyl-Noradrenalin geben. Das eigentliche Medikament α-Methyl-Dopa wurde zunächst als ein Hemmstoff der Dopadecarboxylase entwikkelt, es zeigte sich jedoch schon bald, daß es ein gutes Substrat für dieses Enzym und die nachfolgende Dopamin-β-Hydroxylase ist.

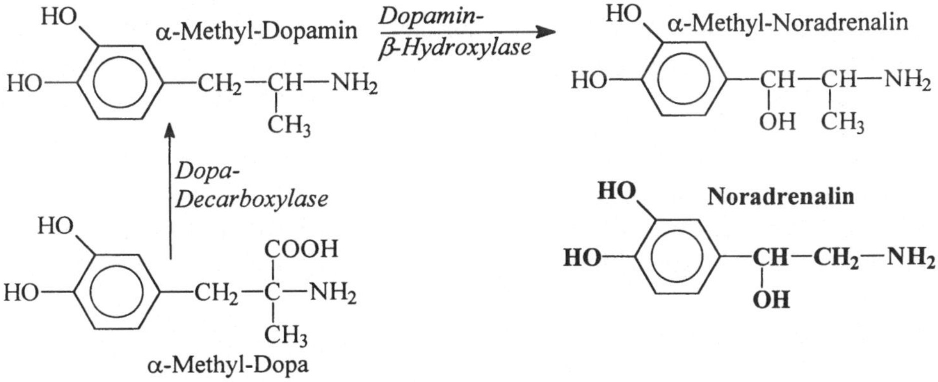

Abb.11: Das Medikament α-Methyl-Dopa wird in die adrenergen Nervenendigungen transportiert, durch die Dopadecarboxylase in α-Methyldopamin umgewandelt und von der Dopamin-β-Hydroxylase in das Noradrenalinanaloge α-Methyl-Noradrenalin hydroxyliert.

Der eigentliche Wirkstoff, der eine effektive Blutdrucksenkung bewirkt, ist das α-Methyl-Noradrenalin. Es wird in den Nervenendigungen durch den speziellen Membrantransporter für Noradrenalin in den vesikulären Strukturen gespeichert. Bei der Ankunft eines Nervenimpulses erfolgt seine Freisetzung aus den Vesikeln in den synaptischen Spalt als ein falscher Transmitter, der am Rezeptor keine Reaktion auslöst.

2.5.3 Vesikulärer Transport

Die Zellmembran kann sich unter Energieverbrauch von außen einstülpen, die Extrazellularflüssigkeit sowie feste Partikel umfließen und als gefülltes Membransäckchen oder Vesikel den Inhalt ins Zellinnere tranportieren oder durch die Zelle schleusen. Diese Vorgänge werden auch als Endozytose und Transzytose bezeichnet. Dadurch können selbst große gelöste Moleküle in das Zellinnere gelangen oder durch die Zelle geschleust werden. Besteht der Inhalt der Vesikel aus Flüssigkeit, so nennt man diesen Vorgang auch Pinozytose und bei festem partikulärem Inhalt spricht man von Phagozytose. Im allgemeinen haben vesikuläre Transportmechanismen wegen der relativ geringen Transportkapazität für die Aufnahme von Medikamenten nur eine untergeordnete Bedeutung.

2.6 Bindung und Speicherung

Bindung und Speicherung sind wichtige kinetische Aspekte für Medikamente und toxische Substanzen. Bei der Bindung muß man zwischen unspezifischer und spezifischer Bindung unterscheiden. Die letztere ist die Voraussetzung für eine pharmakologische und manchmal auch für eine toxische Wirkung. Die unspezifische Bindung bewirkt zunächst bei einem Medikament eine Verminderung seiner Wirkkonzentration. Für eine toxische Substanz ist dieser Effekt willkommen, er mindert ganz entschieden ihre Toxizität.

Ein anderer Aspekt unspezifischer Bindung ist der, daß an Proteine gebundene Substanzen nicht sofort über die Niere ausgeschieden werden können. Dadurch werden eine Pufferung und eine verzögerte Freisetzung der Substanzen erreicht.

2.6.1 Proteine

Eine ganz besondere Bedeutung hat die reversible Bindung von Medikamenten an die Plasmaproteine. Durch Elektrophorese der Plasmaproteine kann eine Auftrennung in die Hauptfraktion, das Albumin, und in die Globuline erfolgen. An der Proteinbindung der Medikamente sind in erster Linie Albumin und in geringerem Maße auch β-Globuline und saure Glykoproteine beteiligt.

Das Albumin hat ein Molekulargewicht von 69 kDa und besitzt aufgrund seiner chemischen Struktur eine hohe Bindungskapazität für verschiedene Substanzen. Es bindet sowohl wasserunlösliche, physiologische und unphysiologische Substanzen wie Fettsäuren, Bilirubin, Hormone, Vitamine oder Medikamente und wasserlösliche divalente Kationen wie Ca^{2+}, Mg^{2+}, Cu^{2+}, Zn^{2+} als auch toxische Schwermetalle. Damit fungiert es gleichzeitig als ein wichtiges Transportprotein.

Der isoelektrische Punkt des Albumins liegt bei pH 4.9. Es besteht aus etwa je 100 negativ und positiv geladenen Aminosäuren. Im Blutplasma bei pH 7.4 hat es eine negative Überschußladung, es reagiert aber trotzdem sowohl mit Anionen als auch mit Kationen. Dabei kann jede positiv oder negativ geladene Aminosäure als eine Bindungsstelle für ein entsprechendes Gegen-Ion aufgefaßt werden. So reagiert Natrium an der anionischen Bindungsstelle und Chlorid an der kationischen. Die vereinzelte, nichtverstärkte Ionenbindung ist jedoch relativ schwach. Die Anzahl der Bindungsstellen für Medikamente an Albumin ist im allgemeinen viel geringer als die Anzahl der geladenen Gruppen.

Wenn die vereinfachte Annahme zutrifft, daß alle Bindungsstellen B eines Proteins auch die gleiche Affinität zum Medikament X besitzen, dann führt das Massenwirkungsgesetz zu einer wichtigen Ausgangsgleichung zur Bestimmung der Anzahl der Bindungsstellen:

$$X + B \longrightarrow BX \qquad \frac{[X]\cdot[B]}{[BX]} = K \tag{14}$$

Dabei ist [X] die freie Konzentration des Medikaments im chemischen Gleichgewicht, [B] die freie Konzentration der Bindungsstellen, [BX] die Konzentration der besetzten Bindungsstellen und K die Dissoziationskonstante.

Bei der Annahme von n Bindungsstellen am Albumin-Molekül und der Protein-Konzentration [P] des Albumins im System ist [nP] die Gesamtkonzentration der Bindungsstellen mit [nP] = [BX] + [B]. Durch Freistellen nach [B] erhält man für [B] = {[nP] - [BX]} und setzt diese Beziehung in die obige Gleichung ein.

$$\frac{[X]\cdot\{[nP]-[BX]\}}{[BX]} = K$$

$$[X][nP] - [X][BX] = K[BX] \quad \text{und} \quad [X][nP] = \{K + [X]\}[BX]$$

$$\frac{[X]}{K+[X]} = \frac{[BX]}{[nP]} \leftrightarrow \frac{n[X]}{K+[X]} = \frac{[BX]}{[P]}$$

Drückt man die Konzentration der besetzten Bindungsstellen [BX] geteilt durch die Konzentration an Albumin [P] als Verhältniszahl r aus, so kommt man zu einer einfachen Gleichung:

$$r = \frac{[BX]}{[P]} = \frac{n[X]}{K+[X]} \tag{15}$$

Diese Gleichung stellt eine hyperbolische Kurve dar (Abb. 12A), die in der Tat formale Ähnlichkeit mit der Gleichung einer enzymatischen Reaktion besitzt. *G. Scatchard* hat 1949 diese Gleichung durch Transformation linearisiert (16):

$$r = \frac{n[X]}{K+[X]} \leftrightarrow Kr + r[X] = n[X]$$

$$\frac{r}{[X]} = \frac{-r}{K} + \frac{n}{K}$$

(16)

Wenn man graphisch r/[X] gegen r aufträgt, so bekommt man eine Gerade mit zwei Schnittstellen. Der Schnittpunkt auf der X-Achse gibt die Zahl der Bindungsstellen n an, der auf der Y-Achse n/K. Die Darstellung wird als „Scatchardplot" bezeichnet.

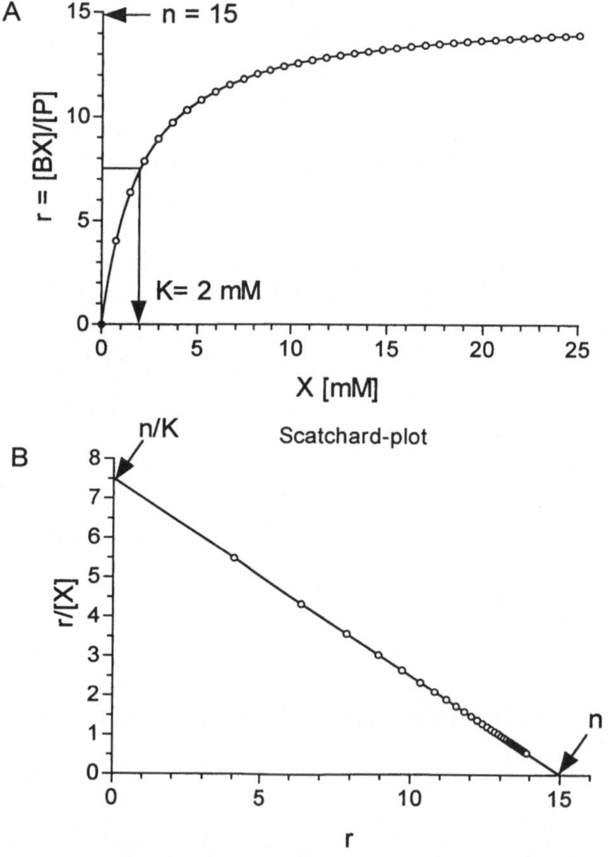

Abb. 12: Die Abbildung zeigt zwei graphische Darstellungsweisen der Adsorptionsisotherme von einer konstruierten Medikament-Albumin-Interaktion. In der Abbildung A bilden die r-Werte in Abhängigkeit von der Konzentration des Medikamentes [X] eine hyperbolische Kurve. Formal ist hierbei der K-Wert mit Km und der n-Wert mit Vm identisch. Die Abbildung B zeigt die lineare Form der Adsorptionsisotherme nach G. Scatchard, Ann.N.Y.Acad.Sci.51,660,1949.

Neben den oben genannten Bindungs- und Transporteigenschaften ist Albumin ganz wesentlich an der Aufrechterhaltung des kolloidosmotischen Druckes und an der Pufferkapazität des Blutes beteiligt.

Mengenmäßig rangieren die Muskelproteine mit etwa 9 kg an erster Stelle, danach folgen Hämoglobin mit 0.9 kg und die Plasmaproteine an letzter Stelle mit 0.3 kg, jeweils bezogen auf einen Erwachsenen.

2.6.2 Fett

Im Fettgewebe und in den Membranen werden Medikamente und toxische Substanzen umso besser gespeichert, je fettlöslicher sie sind. Bei einem dicken Menschen kann der Fettgehalt etwa 50% des Körpergewichtes betragen, und dementsprechend kann er mehr fettlösliche Substanzen speichern als ein vergleichsweise schlanker Mensch.

Fettlösliche Substanzen können entsprechend ihrer Verteilungskoeffizienten im Fettgewebe hohe Konzentrationen erreichen. Das Insektizid DDT (Dichlordiphenyltrichlorethan) akkumuliert im Fettgewebe, selbst wenn in der täglichen Nahrung nur verschwindend kleine Mengen enthalten sind. Wie beim Albumin beschrieben, verursachen immobilisierte Substanzen keine Wirkung.

Zusammengefaßt haben die Beispiele der Bindung an Albumin und Fett gezeigt, daß erstens durch den freien Anteil des Medikamentes oder der toxischen Substanz die Stärke der Wirkung bestimmt wird und zweitens die Geschwindigkeit der Ausscheidung ebenfalls von der freien Konzentration abhängt. Das letztere gilt auch für den Stoffwechsel, da nur die freie Konzentration metabolisiert werden kann. Sinkt die freie Konzentration durch Ausscheidung über die Niere und Galle oder durch Metabolisierung ab, so wird die Substanz aus der Fett- und Albuminbindung nachgeliefert. Die Bindung an Albumin bedeutet neben der Transportform auch Reservoir (Fett ist ebenfalls Reservoir), das zwar die Intensität der Wirkung vermindert, aber wegen der verzögerten Metabolisierung und Ausscheidung die Dauer der Wirkung verlängert.

2.7   Metabolismus von Substanzen

Die meisten Medikamente und viele toxische Substanzen werden im menschlichen Organismus metabolisiert. Davon sind besonders die fettlöslichen Substanzen betroffen. Der Organismus hat das Bestreben, lipophile Fremdsubstanzen,

Xenobiotika (griechisch Xenos = Gast), auszuscheiden. Fettlösliche Substanzen können jedoch aufgrund ihrer Bindung im Fett und an Proteine nur langsam eliminiert werden. Substanzen, die einen großen Lipid/Wasser- Verteilungskoeffizienten besitzen, passieren zwar schnell die Membranen, sie diffundieren aber auch schnell aus dem Nierentubulus zurück in den Organismus. Das allgemeine Prinzip des Organismus besteht nun darin, die Substanzen wasserlöslich zu machen, um sie dann über die Niere oder mit der Galle aus dem Körper auszuscheiden. Der Weg von der Galle führt über den Darm. Im Darm kann durch die Tätigkeit der Darmbakterien die wasserlösliche Substanz wieder in eine mehr fettlösliche zurückverwandelt werden. Dies führt wiederum zu einer erneuten Aufnahme der Substanz. Diesen Kreislauf nennt man den *enterophepatischen Kreislauf.*

2.7.1 Das mikrosomale Enzymsystem zur Biotransformation

Fische und marine Organismen besitzen kein spezielles metabolisches System für fettlösliche Substanzen wie an Land lebende Tiere. Dafür können sie solche exogenen und endogenen Substanzen direkt über die Kiemen in das umgebende Wasser sezernieren. Während der Evolution haben die Tiere Systeme entwickelt, die speziell für die Metabolisierung fettlöslicher Substanzen verantwortlich sind. Das sind im besonderen die membranösen, mikrosomalen Systeme der Leber und der Haut.

Im allgemeinen findet die Umwandlung einer fettlöslichen Substanz in diesen Organen in zwei metabolischen Schritten statt. In der ersten Phase führt meist eine metabolische Reaktion zur Einführung einer funktionellen Gruppe in das Molekül, während in der zweiten Phase sich eine synthetische Leistung anschließt, die die neugeschaffene funktionelle Gruppe benutzt, um ein wasserlösliches Molekül dort anzufügen oder zu konjugieren.

2.7.2 Phase-I-Reaktion

Dieser Stoffwechsel findet hauptsächlich in den Mikrosomenmembranen der Leber und in der Keimschicht der Haut statt. Dabei werden funktionelle Gruppen durch Oxidation, Reduktion oder Hydrolyse in hydrophobe Medikamente und Fremdstoffe eingeführt. Durch diese Stoffwechselreaktion kann möglicherweise die metabolisierte Substanz erst pharmakologisch oder toxikologisch wirksam gemacht werden. Bei einer toxischen Substanz spricht man in diesem Fall von einer Giftung. Aber auch das Gegenteil ist manchmal der Fall, die Substanz kann auch unwirksam oder entgiftet werden. Die Enzyme können bei der Einführung funktioneller Gruppen nicht unterscheiden, ob die entstehenden Produkte für den

Organismus schädlich oder unschädlich sind. Die Aufgabe besteht allein darin, lipophile Fremdstoffe wasserlöslich zu machen.

Im Gegensatz zu diesen relativ langsam ablaufenden Stoffwechselreaktionen in der Leber und der Haut werden Ester mit hoher Geschwindigkeit im Blut und Gewebe durch die spezifische Acetylcholinesterase oder durch unspezifische Pseudocholinesterasen gespalten. Eine schnelle Spaltung erfolgt auch durch verschiedene Peptidasen, sie bevorzugen im allgemeinen spezifische Proteine.

2.7.3 Phase-II-Reaktion

In der Phase-II-Reaktion werden die in der Phase-I geschaffenen, funktionellen Gruppen (OH-, NH$_2$- und SH-Gruppen) enzymatisch mit körpereigenen Verbindungen gekoppelt. Diese Verbindungen stammen aus dem Zwischenstoffwechsel und sind besonders gut wasserlöslich. Sie werden hauptsächlich durch spezifische Transferasen an die zur Ausscheidung bestimmten Moleküle angekoppelt. Anschließend werden die wasserlöslichen Verbindungen über die Niere in den Urin oder mit der Gallenflüssigkeit in den Darm ausgeschieden. Die Kopplungs- oder Konjugationsreaktionen haben fast immer den Charakter einer Entgiftungsfunktion, da die konjugierten Verbindungen in der Regel unwirksam sind.

Von den verschiedenen Phase-II-Reaktionen ist die wichtigste die Konjugation eines Phase-I-Metaboliten an Glucuronsäure. Sie stellt eine verhältnismäßig starke Säure dar, die zusätzlich Hydroxylgruppen enthält und damit sehr hydrophil ist. Die Glucuronsäure muß dabei in einer vom Stoffwechsel aktivierten Form vorliegen und zwar in einer energiereichen Bindung an Uridindiphosphat.

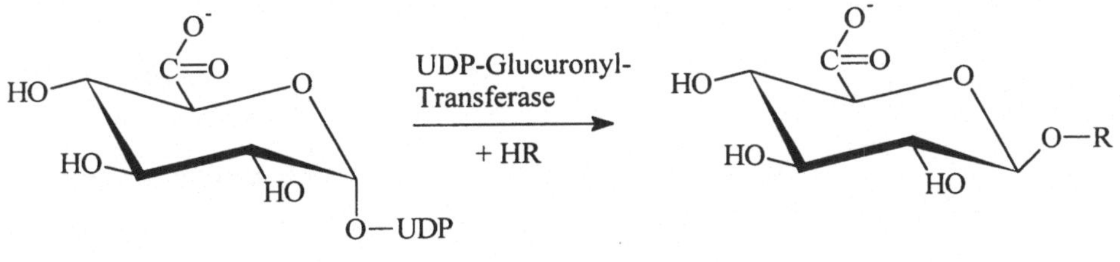

UDP-Glucuronyl-Transferase + HR

Abb. 13:UDP-Glucuronsäure reagiert mit zahlreichen Phase-I-Metaboliten (Hydroxyl-, Carboxyl-, Amino- und SH-Gruppen) katalysiert durch die UDP-Glucuronyltransferase, unter Bildung von β-Glucuroniden.

Die durch membrangebundene Glucuronyltransferasen entstehenden Glucuronide werden entweder über die Niere oder mit den Gallensäuren ausgeschieden. Mit der Gallenflüssigkeit werden vor allem solche Substanzen ausgeschieden, die ein Molekulargewicht von über 500 besitzen. Teilweise oder vollständig können sie jedoch im Darm durch β-Glucuronidasen von Mikroorganismen gespalten werden, so daß der Phase-I-Metabolit wieder aus dem Darm aufgenommen werden kann (enterohepatischer Kreislauf).

Substanzen mit einem Molekulargewicht unter 300 werden bevorzugt von der Niere ausgeschieden. Glucosidkonjugate entstehen nicht nur aus Medikamenten und Xenobiotika, sondern auch aus körpereignen Substanzen wie Steroiden und Bilirubin.

Neben den Glucuronyltransferasen bewirken Sulfotransferasen die Biosynthese von Sulfat-Estern mit aktivierten Sulfaten in Form von Phosphoadenosin-Phosphosulfat (PAPS). Weiterhin übertragen Acetyltransferasen aktivierte Essigsäure und Aminosäuren als Kopplungsprodukte.

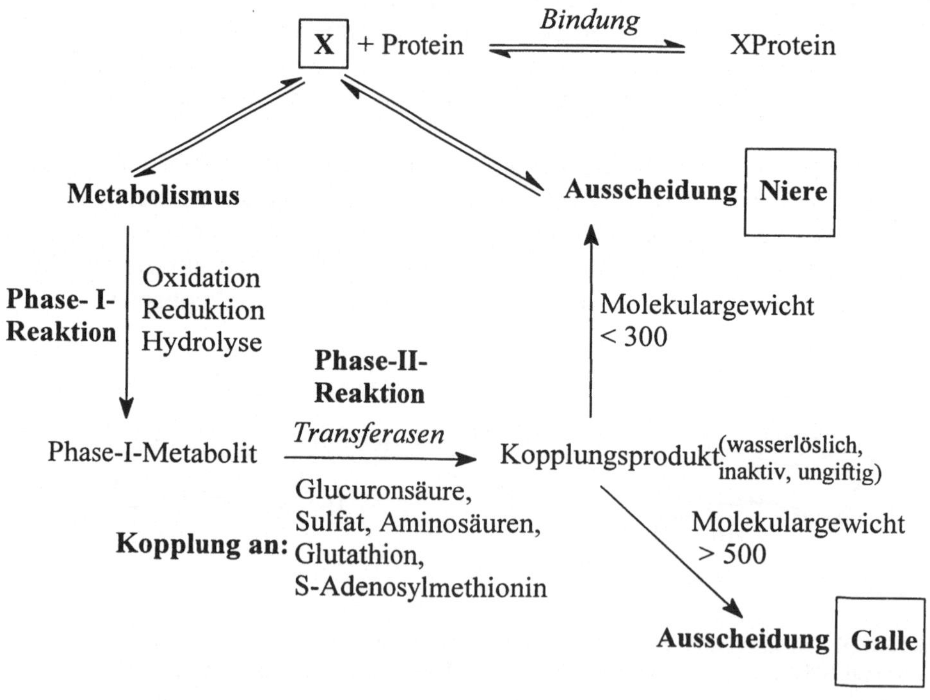

Abb. 14: Übersichtsschema. X ist ein Medikament, ein Fremdstoff oder eine körpereigene Verbindung.

2.8 Ausscheidung von Substanzen

Für die Ausscheidung von Substanzen aus dem Organismus stehen grundsätzlich vier verschiedene Wege zur Verfügung. Dabei wird an erster Stelle der Ausscheidungsweg über die Nieren mit den ableitenden Harnwegen genutzt. An zweiter Stelle fungiert die Ausscheidung über die Leber mit ihren Gallenwegen in den Darm und Ausscheidung mit dem Kot. Weitere Auscheidungswege sind die Hautoberfläche, die Anhangsorgane wie Nägel und Haare sowie aktive Sekretionsmechanismen der Drüsen mit Schweiß, Talg, Milch und Tränenflüssigkeit. Letztlich ist für volatile Substanzen die Atmungsoberfläche der Lungenbläschen ein Weg über das Bronchialsystem an die Außenwelt.

2.8.1 Ausscheidung durch die Niere

Eine der Hauptaufgaben der Niere besteht darin, Wasser und die in Wasser gelösten Substanzen auszuscheiden. Mit dieser Wasserausscheidung ist die Regulation des Elektrolyt- und des Säurehaushaltes eng verbunden, die durch Hormone des Körpers kontrollierbar gemacht wird.

Aufgrund der hohen Filtrationsrate von 125 ml/min werden freie Substanzen effektiv aus dem Plasma in den Primärharn ausgeschieden. Die Poren in der Glomerulumkapsel lassen alle Substanzen bis zu einer Masse von 5 kDa ungehindert hindurchtreten. Erst ab einem Molekulargewicht > 65 kDa erfolgt eine vollständige Zurückhaltung. Die Plasmaproteine mit einem durchschnittlichen Molekulargewicht von über 54 kDa werden z.B. aufgrund ihrer negativen Überschußladung von der Basalmembran abgestoßen und finden sich daher in nur sehr geringer Menge im Urin.

Außer durch glomeruläre Filtration der Niere können im Plasma befindliche Substanzen auch durch aktive Sekretion mit dem Harn ausgeschieden werden. Dazu gehören bestimmte Kationen und Anionen, die unter Verbrauch von Energie mittels bestimmter Carrier in die Nierentubuli sezerniert werden. Ein Beispiel hierfür ist das Penizillin-Anion. Seine kurze Halbwertszeit im Blut beträgt nur etwa 30 Minuten aufgrund seines effektiven Anionentransportes in die Nierentubuli. Schon frühzeitig haben die Pharmakologen erkannt, daß ein Sulfonamid-Anion, das Probenecid, diese Penizillinsekretion wirksam hemmen und damit den Wirkspiegel im Blut von Penizillin verlängern kann.

Im Verlaufe der Passage durch die Nierentubuli bis zu den Nierenkelchen kommt es zu einer Einengung des Harnvolumens um mehr als das Hundertfache. Dabei steigt die Konzentration der ausgeschiedenen Substanzen entsprechend an. Handelt es sich um lipophile Substanzen, so wird der Konzentrationsgradient zu einer Wiederaufnahme der filtrierten Substanz durch den Tubulus in das Blut führen. Diese Rückresorption ist ein passiver Vorgang, der keine Energie benötigt und von der Dissoziation der Substanz, ihrem pK-Wert und dem pH-Wert im Urin abhängt. Liegt z.B. bei einem pH-Wert des Urins von pH 6.5 eine schwache Base zu 50% in der dissoziierten und undissoziierten Form vor, so diffundiert nur die ungeladene, undissoziierte Form zurück in das Blut. Im Prinzip gilt diese Tatsache auch für saure Substanzen, nur mit dem Unterschied, daß hier bei Alkalisierung des Urins die negativ geladene Form an Konzentration zunimmt und dementsprechend mehr ausgeschieden wird. Das Prinzip der Alkalisierung oder Ansäuerung des Urins kann bei Vergiftungen ausgenutzt werden, um Gifte effektiv aus dem Körper zu entfernen.

Ein Maß für die über die Nieren ausgeschiedenen Substanzmengen ist die *renale Clearance Cl$_{ren}$*. Sie wird als Produkt aus dem Volumen V_u des ausgeschiedenen Urins und der Konzentration der Substanz im Harn C_u, geteilt durch seine Konzentration im Plasma C_p, berechnet:

$$Cl_{ren} = \frac{V_u \times C_u}{C_p} \, (ml \, / \, min) \tag{17}$$

2.8.2 Ausscheidung über Darm, Schweißdrüsen, Milch und Lunge

Viele der in der Leber metabolisierten Medikamente werden mit der Galle in den Darm über den Kot ausgeschieden. Dabei spielt das Molekulargewicht eine Rolle. Vor allem solche Medikamente oder toxische Substanzen, die bei der Biotransformation in der Phase-II-Reaktion ein Molekulargewicht von über 500 erreicht haben, werden in den Darm ausgeschieden und können möglicherweise von dort durch den enterohepatischen Kreislauf wieder in den Organismus gelangen.

Quantitativ spielt die Ausscheidung von Medikamenten und toxischen Substanzen mit Sekreten wie Schweiß, Tränenflüssigkeit und Milch eine untergeordnete Rolle. In den Schweißdrüsen werden Medikamente und toxische Substanzen entweder mit den Sekreten oder durch Exozytose ausgeschieden. Die Ausscheidung mit der Milch hat für den Säugling Bedeutung, wenn die Mutter Medikamente einnimmt oder von toxischen Substanzen und Genußmitteln wie Alkohol und Nicotin belastet ist.

Gase und flüchtige Substanzen werden in Abhängigkeit von ihren physikalischen Eigenschaften schnell und effektiv über die Lungen abgeatmet.

3 Pharmako- und toxikodynamische Wirkung

Im vorangegangenen Teil der „Starthilfe Pharmakologie" wurden Einflüsse des Organismus auf Substanzen unter dem Oberbegriff Pharmako- und Toxikokinetik behandelt. Dabei wurden die Bewegungen der Substanzen im Organismus und die metabolischen Umsetzungen bis hin zu ihrer Ausscheidung verfolgt.

Das letzte Kapitel soll die Wirkungen der Substanzen am Wirkort, dem Rezeptor oder Erfolgsorgan, zum Inhalt haben. *Die Pharmako- und Toxikodynamik untersucht die Wirkungsweise der Substanzen auf den Organismus.* Für das Ausmaß einer Wirkung ist neben der Ansprechbarkeit des Erfolgsorgans oder des Rezeptors die Konzentration der Substanz vor Ort von Bedeutung.

Im Vordergrund stehen die Wirksubstanzen selbst. Im geschichtlichen Rückblick waren Vorbilder hierfür die Pflanzeninhaltsstoffe, ganz besonders diejenigen, die eine beachtenswerte toxische Wirkung hervorzurufen in der Lage waren. Aber erst die synthetische Chemie hat es in neuerer Zeit ermöglicht, ausgerichtet an der Vorlage des Rezeptors und entsprechend der chemischen Konstitutionsformel der originalen Wirksubstanz, optimale Medikamente zu entwickeln. Hier liefert mitunter der Computer genaue Molekülvorstellungen.

Vom konstruierten Wirkstoff bis zur Zulassung eines neuen Medikamentes ist es ein langer Weg, und im Durchschnitt erreicht von etwa 10 000 neusynthetisierten Substanzen nur ein Wirkstoff das erwünschte Ziel. Auf Antrag des Herstellers erteilt das *Bundesinstitut für Arzneimittel und Medizinprodukte* die Zulassung, nachdem der Antragsteller belegt hat, daß die Kriterien der Wirksamkeit und Unbedenklichkeit erfüllt sind und daß die Darreichungsformen den Qualitätsnormen entsprechen.

Vorhergehend muß die sogenannte *präklinische Prüfung* erfolgreich verlaufen sein. Hier werden vorzugsweise biochemisch-pharmakologische Rezeptorstudien an Zellkulturen und isolierten Zellbestandteilen durchgeführt, gefolgt von Tierversuchen. Diese sollen zunächst die Wirkung belegen und gleichzeitig ein mögliches toxisches Potential der Substanz offenlegen. Das bedeutet Prüfung auf Giftigkeit bei akuter und chronischer Anwendung, Testung auf Erbgutschädigungen (Mutagenität), auf Krebserzeugung (Kanzerogenität) und auf Mißbildungen während der Schwangerschaft (Teratogenität). Darüber hinaus muß das pharmakokinetische Verhalten im Organismus bekannt sein.

Nachdem mit dem Verfahren der Pharmazeutischen Technologie entsprechende Darreichungsformen zur Verfügung gestellt werden konnten, erfolgt die eigentliche *klinische Prüfung in der Phase 1* bei gesunden Versuchspersonen. Ist ein eindeutiger Zusammenhang zwischen der Dosis und der Wirkung wie beim Versuchstier hergestellt, so erfolgt die *klinische Prüfung in der Phase 2* an ausgewählten Patienten in der Klinik. Beobachtet man hierbei die erwünschte Wirkung und stellt fest, daß die Nebenwirkungen so gering wie möglich sind, so erfolgt anschließend in der *klinischen Prüfung in der Phase 3* die Untersuchung an einem größeren Patientengut im Vergleich zum bisherigen Standardpräparat. Ist auch diese Hürde erfolgreich überstanden, so erfolgt die Bewährung auf dem Arzneimittelmarkt in der *Phase 4*. Erst nach langjähriger Erfahrung mit Abwägung von Nutzen und Risiko der Substanz kann die Bestimmung des therapeutischen Wertes des neuen Arzneimittels nachgewiesen werden.

3.1 Der Beginn der Chemotherapie - Sulfonamide

Bereits im Jahre 1908 synthetisierte ein Wiener Chemiker namens *Gelmo* das erste Sulfonamid (Sulfanilamid) durch Kondensation von N-Acetylsulfanilylchlorid mit NH_3 und anschließender Hydrolyse der Acetylgruppe.

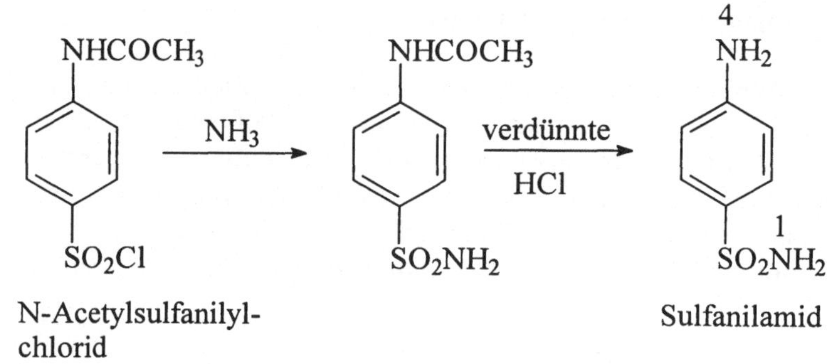

Abb. 15: Synthese von Sulfanilamid durch Gelmo, J. Prakt. Chem. 77, 369, 1908.

Diese frühe Publikation der Sulfonamidsynthese hatte einen großen Einfluß auf seine industrielle Herstellung: Als nämlich später das pharmakologische Interesse an dieser Substanzklasse wuchs, konnten die Sulfonamide nicht mehr patentrechtlich geschützt werden. Diese Tatsache hat zu der raschen Entwicklung der Sulfonamidchemie beigetragen; es wurden in der Folge mehr als tausend Sulfonamide synthetisiert. Trotz der frühen Entdeckung ist in dieser Zeit nie versucht worden, sie in irgend einer Form als Arzneimittel einzusetzen. Erst durch den Umweg über die Azofarbstoffe wurde durch Zufall die Bedeutung der Sulfonamide als Chemotherapeutika entdeckt.

Die Chemiker *Fritz Mietzsch* und *Josef Klarer* in den Bayer-Werken entwickelten ein neues Synthesekonzept, nach dem Azofarbstoffe, die Sulfonamidgruppen enthielten, Bakterien selektiv einfärben und eventuell abtöten sollten. Zu ihrer Enttäuschung zeigten jedoch diese Stoffgruppen im Reagenzglas auf Bakterien keine schädigende Wirkung.

Trotz dieses Mißerfolges ließ sich *Gerhard Domagk*, der leitende experimentelle Pathologe im Werk, nicht davon abhalten, diese Substanzen an Modelltieren zu testen. Dazu kultivierte er zunächst aus dem Blut eines an Streptokokkensepsis verstorbenen Patienten den gefährlichen Wundinfektionserreger in Eibouillon. Er infizierte mit solchen 24 Stunden alten Bakterienkulturen weiße Mäuse und zwar in Verdünnungen bis 1/100 000. Die so infizierten Tiere verstarben alle nach 2 Tagen und zeigten bei der Sektion in fast allen Organen Streptokokken. Wie durch ein Wunder, so schien es im Herbst 1932, überlebten dabei die mit einem Azosulfonamid behandelten weißen Mäuse. Bei der Suche nach weiteren Azosulfonamiden erwies sich das Präparat mit der Nummer D 4145 allen anderen Verbindungen überlegen. Seine Strukturformel war:

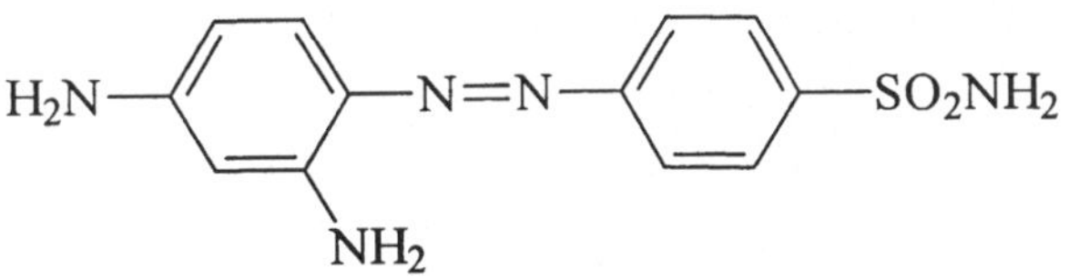

$$H_2N-\underset{\underset{NH_2}{|}}{\bigcirc}-N=N-\bigcirc-SO_2NH_2$$

Prontosil (Sulfachrysoidin)

Abb. 16: Strukturformel des Azosulfonamids D 4145 (Sulfachrysoidin). Gerhard Domagk gab ihm den Namen Streptozon als Therapeutikum bei Streptokokkeninfektionen. Im Februar 1935 konnte der rote Farbstoff unter dem Handelsnamen Prontosil in der Medizin als erstes Chemotherapeutikum gegen Kokken in der Klinik eingesetzt werden.

Um keine falschen Hoffnungen bei Patienten zu erwecken, veranlaßte Domagk eine sorgfältige klinische Prüfung des Prontosil. Sie führten bei den verschiedenartigsten Kokkeninfektionen zu überraschenden Erfolgen. Bei schweren Formen der Streptokokken-Angina, bei Erysipel (Wundrose) und dem Kindbettfieber wurden ausgezeichnete therapeutische Ergebnisse erzielt. Zu den allerersten Patienten zählte auch die vierjährige Tochter von Domagk. Aus einem infizierten Nadelstich entwickelte sich bei ihr eine Phlegmone und anschließend eine lebensgefährliche Blutvergiftung. Die Ärzte glaubten, die Tochter nur durch Amputation ihres Armes retten zu können. Der Vater entschloß sich in dieser verzweifelten Situation zur Anwendung des Prontosils; es war die erste Anwendung bei einem Kind, die Tochter wurde geheilt, und die Amputation konnte vermieden werden. Für die damalige Zeit unvorstellbar wurden bei den verschiedensten Infektionserkrankungen Heilerfolge durch Prontosil erzielt. Die Todesfälle beim Kindbettfieber wurden drastisch vermindert, bei der eitrigen Hirnhautentzündung konnte die Todesrate von 75% der Patienten durch Sulfonamide auf zehn Prozent gesenkt werden, und bei der Lungenentzündung, die bislang bei 20% der Erkrankten tödlich verlief, kamen jetzt Todesfälle nur noch selten vor.

Mit dem großen klinischen Erfolg des Prontosils setzte eine intensive Forschung ein. Die Mitarbeiter von *Forneau* im Pasteur-Institut in Paris *Trefouel*, *Nitti* und *Bovet* berichteten bereits 1935 von der Spaltung des roten Azofarbstoffes Prontosil zu dem weißen Sulfanilamid, das nach ihrer Ansicht die aktive Komponente des Chemotherapeutikums darstellte.

Prontosil rubrum (Sulfachrysoidin)

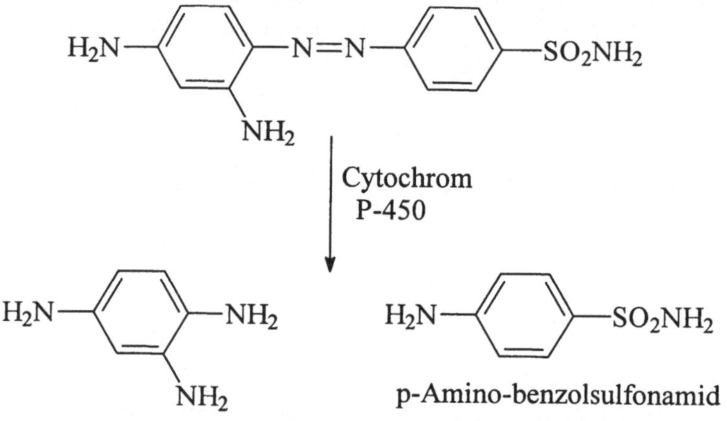

$$H_2N-\!\!\!\bigcirc\!\!\!-N\!=\!N-\!\!\!\bigcirc\!\!\!-SO_2NH_2$$

NH₂

| Cytochrom
| P-450

Triamino-benzol   p-Amino-benzolsulfonamid
(Sulfanilamid)

Abb. 17: Prontosil rubrum wird durch das Cytochrom P-450-System reduktiv in Triamino-benzol und p-Amino-benzolsulfonamid (Sulfanilamid) gespalten. Erst durch diese reduktive Spaltung in den Lebermikrosomen erfolgt die Aktivierung zu der chemotherapeutisch aktiven Komponente, dem Sulfanilamid.

Im folgenden Jahr konnten Forneau und Mitarbeiter beweisen, daß das Sulfanilamid in vivo genauso wirksam war wie das Prontosil. Damit war der Umweg über den roten Azofarbstoff entbehrlich geworden, da das weiße Pulver Sulfanilamid selbst die kleinste noch wirksame Verbindung darstellte. Die Bestätigung diese Befundes und weltweite Erfolge führten dazu, daß nicht nur Sulfanilamid, Prontalbin, sondern auch andere Sulfonamide synthetisiert und mit Erfolg getestet wurden.

Mietzsch und Klarer erkannten sehr schnell, daß die Aminogruppe in der Parastellung für die chemotherapeutische Wirkung unbedingt notwendig ist und daß die Substitution des Wasserstoffes in der SO_2NH_2-Gruppe zu weiteren chemotherapeutisch wirksamen Sulfonamiden führt.

Im Jahre 1939 wird Gerhard Domagk für seine bahnbrechende Arbeit über Prontosil der Nobelpreis zuerkannt, seine Entdeckung wird als eine Revolution auf dem Gebiet der Heilkunde bewertet.

3.1.1 Der Wirkungsmechanismus der Sulfonamidchemotherapeutika

Es wurden viele Hypothesen über den Wirkungsmechanismus des Sulfanilamids angestellt. Die zutreffendste Erklärung stammte aus dem Jahre 1940 von *D. D. Woods* und *P. Fields*. Sie beobachteten einen Antagonismus zwischen Sulfonamiden und p-Aminobenzoesäure.

690 pm (6.9 Å) 670 pm (6.7 Å)

240 pm (2.4 Å) 230 pm (2.3 Å)

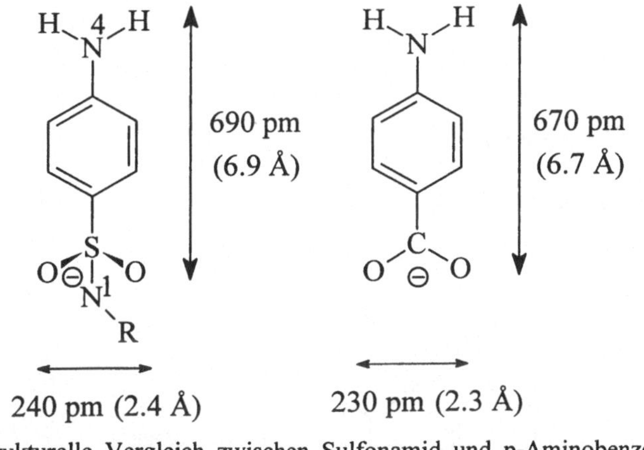

Abb. 18: Der strukturelle Vergleich zwischen Sulfonamid und p-Aminobenzoesäure zeigt die große Ähnlichkeit der beiden Moleküle.

Die beobachtete Hemmung des Bakterienwachstums wurde durch den sehr ähnlichen geometrischen Aufbau der Sulfonamide im Vergleich mit der p-Aminobenzoesäure erklärt. Im physiologischen Bereich liegt die letztere weitgehend in der Carboxylat-Form vor. Es sollte darum auch bei den Sulfonamiden eine eindeutige Abhängigkeit von der Aziditätskonstante erwartet werden. Diese ist vorwiegend durch elektronische Effekte des Amid-Stickstoff-Substituenten bedingt. Um eine solche Abhängigkeit zu testen, wurden das Medium von empfindlichen Bakterienkulturen bei pH 7 gepuffert und Sulfonamide mit verschiedenen pK-Werten auf ihre inhibitorische Potenz untersucht. Tatsächlich zeigte sich dabei eine eindeutige Beziehung zwischen pK-Wert und der antibakteriellen Wirkung. Im Vergleich mit dem einfachsten Vertreter Sulfanilamid, dessen pK-Wert bei 10.4 lag, hatten Sulfonamide mit niedrigeren pK-Werten eine größere Wirksamkeit. So besaßen Sulfonamide mit einem pK-Wert von 6 die höchste antibakterielle Wirkung; diese Verbindungen liegen bei pH 7 zu über 90% in der anionischen Form vor.

Die p-Aminobenzoesäure lieferte den Schlüssel zur Erkenntnis des Wirkungsmechanismus der Sulfonamide. Sie ist ein essentieller Baustein der Folsäure, und die meisten Bakterien synthetisieren Folsäure aus solchen einfachen Vorstufen. Dagegen muß der Mensch fertige Folsäure als ein Vitamin aufnehmen.

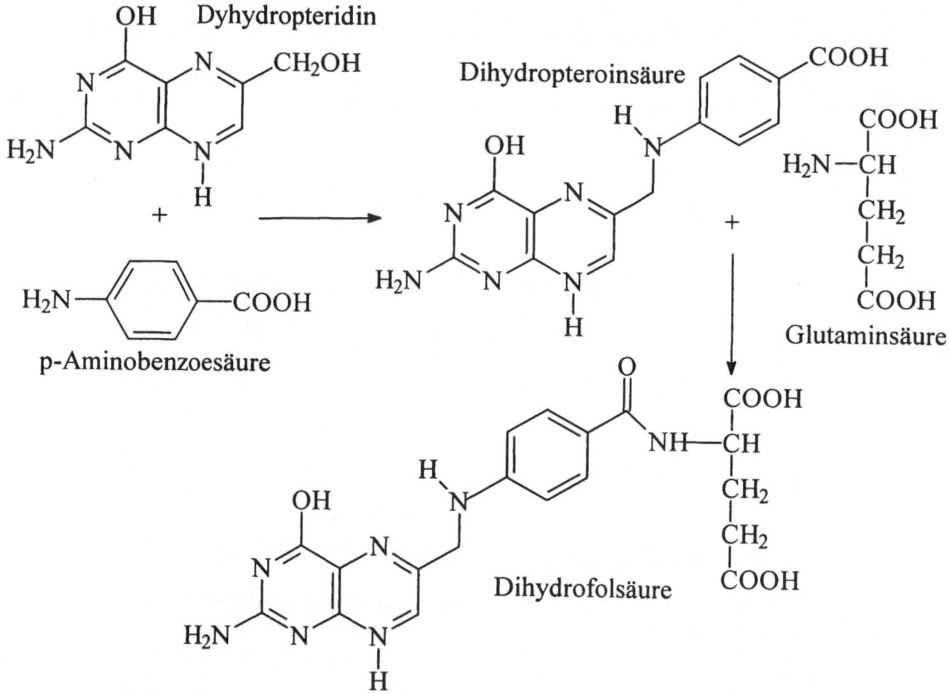

Abb. 19: Folsäuresynthese in Bakterien. Im Gegensatz zu Tieren können Mikroorganismen aus einem Pteridinderivat, der p-Aminobenzoesäure und einem oder mehreren Glutamatresten Folsäure synthetisieren. Dihydrofolsäure dient nach der Reduktion zu Tetrahydrofolsäure als Coenzym des C$_1$-Stoffwechsels, unter anderem zur Biosynthese von Purinnukleotiden und Thymidin. p-Aminobenzoesäure ist daher lebenswichtig für Mikroorganismen, aber nicht für den Menschen, der fertige Folsäure als Vitamin aus der Nahrung benötigt.

In sensiblen Mikroorganismen verdrängen Sulfonamide die p-Aminobenzoesäure kompetitiv aus dem Enzym Synthetase und die Zwischenverbindung der Folsäure, die Dihydropteroinsäure, kann nicht mehr gebildet werden. Sulfonamide hemmen letztendlich den C_1-Stoffwechsel, da hierdurch die Synthese von Purin- nukleotiden und Thymidin gestört ist, kann auch keine DNA und RNA neu gebildet werden, und es resultiert bei den Bakterien eine Wachstumshemmung oder Bakteriostase. Dieser Stoffwechselweg zur Synthese von Folsäure ist bei Mensch und Tier nicht vorhanden, sie benötigen Folsäure als Vitamin aus der Nahrung und zeigen somit keinen Sulfonamideffekt.

3.1.2 Resistenzentwicklung bei den Sulfonamiden

Sulfonamide wirkten ursprünglich gegen zahlreiche grampositive und einige gramnegative Erreger. Ihr großer therapeutischer Einsatz und der einfache Wirkungsmechanismus führten zu einer schnellen Resistenzentwicklung bei den Bakterien. Resistenz entsteht durch zufällige Mutation oder durch Übertragung entsprechender DNA-Sequenzen durch Plasmide. Sie ist im allgemeinen persistierend und irreversibel. Als Mechanismus werden verschiedene Möglichkeiten diskutiert, erstens eine Änderung des p-Aminobenzoesäure einbauenden Enzyms, zweitens eine metabolische Entgiftung der Sulfonamide, drittens alternative Stoffwechselwege für die Synthese der essentiellen Metaboliten und viertens Synthese von p-Aminobenzoesäure im Überschuß, um die Sulfonamide von der Synthetase zu verdrängen. Diese letztere Möglichkeit ist bei resistenten Staphylokokken ausgeprägt, die etwa 70mal soviel p-Aminobenzoesäure produzieren als empfindliche Keime.

Die Bedeutung der Sulfonamide fiel aufgrund der schnellen Resistenzentwicklung und der in der Zwischenzeit entwickelten neuen Chemotherapeutika weit zurück. Erst die Kombination mit dem Dihydrofolat-Reduktasehemmer Trimethoprim hat seinen therapeutischen Einsatz wieder effektiv gemacht, da die Sulfonamid-Aktivität durch Trimethoprim synergistisch ergänzt wird. Durch seine inhibitorische Wirkung auf die Reduktase wurde zusätzlich zur Hemmung der Dihydropteroinsäure-Synthetase durch die Sulfonamide ein Sequential-Effekt erreicht, der das Risiko einer Resistenzentwicklung ganz wesentlich vermindert.

3.2 Nebenwirkungen der Sulfonamide

Bei der Chemotherapie mit Sulfanilamid (Prontalbin) beobachtete man bei Patienten als Nebenwirkung eine metabolische Azidose mit einem alkalischen Urin. Systematische Untersuchungen ergaben eine Hemmung des Enzyms Carboanhydrase. Dieses Enzym katalysiert die Gleichgewichtseinstellung zwischen CO_2 und H_2CO_3. Ohne Enzym läuft diese Reaktion recht langsam ab, sie wird durch die Carboanhydrase auf etwa das 10^7-fache beschleunigt. Das sehr effektive Enzym

68

wurde zuerst in Erythrozyten entdeckt, dann aber auch in vielen Geweben wie Niere, Magen, Pankreas, Auge und Zentralnervensystem gefunden.

In der Niere ist die Carboanhydrase in den proximalen Tubuluszellen vorhanden. Ihre besondere Bedeutung für die Harnbereitung besteht hier in der intrazellulären Protonen-Bereitstellung, die bei der Reaktion von CO_2 mit H_2O gemäß der nach rechts verlaufenden Reaktion erfolgt:

$$CO_2 + H_2O \;\underset{}{\overset{\text{Carboanhydrase}}{\rightleftharpoons}}\; H_2CO_3 \;\underset{}{\overset{pK_a = 6.1}{\rightleftharpoons}}\; H^+ + HCO_3^- \quad (17)$$

Das HCO_3^--Anion gelangt zurück in das Blut, während die Protonen besonders im Austausch mit Natrium-Ionen über einen Na^+/H^+-Austauscher in den proximalen Tubulus in den Primärharn transportiert werden. Die Ansäuerung des Primärharns mit Protonen bewirkt, daß die durch Filtration im Glomerulum ausgeschiedenen HCO_3^--Anionen zu H_2CO_3 assoziieren und die Kohlensäure durch eine zweite membrangebundene Carboanhydrase zu CO_2 und H_2O zerlegt wird. CO_2 gelangt dann durch Diffusion zurück in die Tubuluszellen und steht hier der intrazellulären Carboanhydrase als Substrat zur Verfügung.

Sulfanilamide hemmen sowohl die Carboanhydrase im Inneren der Tubuluszellen als auch die membrangebundene Carboanhydrase im proximalen Tubulus. Damit versiegt zum einen die Protonenzulieferung für den Na^+/H^+-Austauscher und zum anderen die Rückgewinnung der HCO_3^--Anionen via CO_2 aus dem Primärharn. Aufgrund der vermehrten HCO_3^--Ausscheidung über die Nieren resultieren eine metabolische Azidose mit alkalischem Urin und eine vermehrte Natrium-Ausscheidung über den Primärharn. Hinzu kommt noch eine vermehrte Kalium-Ausscheidung, da im Tubulus außerdem ein gesteigerter Na^+/K^+-Austausch zu einem Kaliumverlust führt. In dem Maße wie das HCO_3^- im Blut absinkt, nimmt auch seine renale Ausscheidung ab, und der Carboanhydrase-Effekt sistiert.

Der entscheidende therapeutische Nutzen der Sulfonamid-Carboanhydrase-Hemmer war jedoch die Vergrößerung des Harnvolumens. Der renale Verlust von Natrium-, Kalium- und HCO_3^--Ionen im Urin ist gleichzeitig von einer entsprechenden Wassermenge begleitet. In der Pharmakologie werden diuretisch wirksame Medikamente, die zu einer gesteigerten Wasser- und einer erhöhten Salzausscheidung im Urin beitragen, als *Saluretika* oder *Natriuretika* bezeichnet, im Gegensatz zu Aquaretika, welche eine Wasserausscheidung bewirken. Ein ideales Saluretikum sollte zur Ausscheidung von Kationen und Anionen im gleichen Verhältnis führen, wie es in der interstitiellen Flüssigkeit vorliegt, da retinierte Ödemflüssigkeit die gleiche chemische Zusammensetzung besitzt. Das sind also 135-144 mM Natrium, 3.6-5.1 mM Kalium, 2.2-2.6 mM Calzium, 0.7-1.1 mM Magnesium, 97-108 mM Chlorid und 22-27 mM Hydrogencarbonat (HCO_3^-) im Urin. Ein solches ideales Saluretikum existiert bisher nicht.

3.2.1 Sulfonamide als Carboanhydrasehemmer

Die Carboanhydrase wurde als erstes Metalloenzym 1933 durch *N. U. Meldrum* und *F. J. W. Roughton* in Erythrozyten entdeckt. Inzwischen kennt man drei Isoformen des zinkhaltigen Enzyms, die als CAI, CAII und CAIII bezeichnet werden. Jedes dieser Enzyme besteht aus 259 bis 260 Aminosäuren mit einer Molekülmasse von 30 kDa. Das divalente Zink-Kation befindet sich von drei neutralen Histidin-Resten koordiniert in einer 1.6 nm tiefen Einbuchtung. Die Röntgenkristallstrukturanalyse des substratfreien Enzymes zeigt, daß die vierte Koordinationsstelle des Zink durch ein Wassermolekül besetzt wird, welches über Wasserstoffbrücken-Bindung mit weiteren Aminosäureresten und Wasser- molekülen verbunden ist. Die Dissoziation des durch Zn^{2+} polarisierten H_2O-Moleküls wird durch Basenkatalyse erleichtert, das enstehende OH^- am Zink greift das in enger Nachbarschaft enzymatisch gebundene CO_2 nukleophil an, und HCO_3^- wird gebildet.

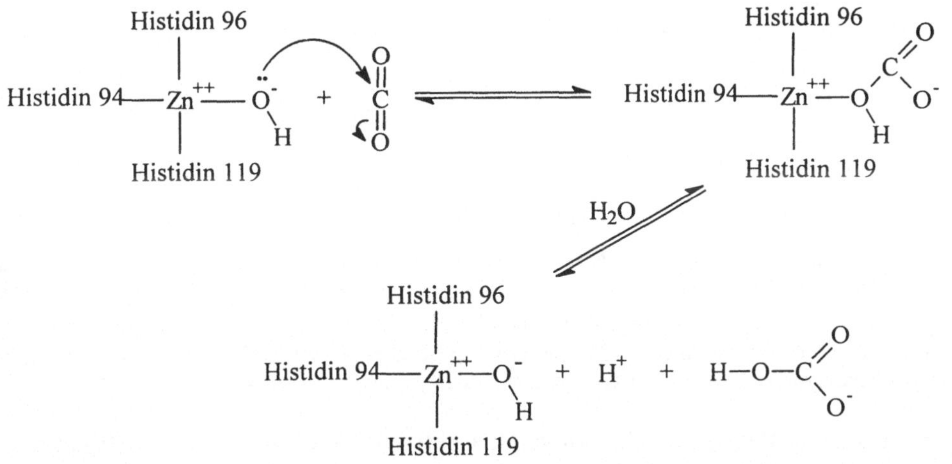

Abb. 20: Mechanismus der Katalyse der Carboanhydrase.

Unmittelbar anschließend wird das aktive Zentrum am Zink durch Wasserbindung und Dissoziation regeneriert.

70

Aus der Röntgenkristallstrukturanalyse der Carboanhydrase mit eingeschlossenem Inhibitor geht hervor, daß aromatische Sulfonamide die vierte Koordinationsstelle am Zink besetzen und dabei Wasser verdrängen. Für die Bindung am Zink ist die dissoziierte Sulfonamid-Gruppe R-SO_2NH^- notwendig, und die am N^1 substituierten Sulfonamide sind unwirksam.

Obwohl Sulfanilamid bereits schon 1949 zur Entwässerung bei einem Patienten mit Herzinsuffizienz eingesetzt wurde, erwies es sich wegen der therapeutisch notwendigen hohen Dosen als zu toxisch. Ausgehend vom Sulfanilamid entstanden 1940 die ersten Carboanhydrasehemmer. Aufbauend auf der saluretischen Wirkung des Sulfanilamids synthetisierten *R. O. Roblin* und *J. W. Clapp* zahlreiche heterozyklische Sulfonamide, die die Carboanhydrase um 2 bis 3 Zehnerpotenzen stärker inhibierten als das Sulfanilamid. Der bekannteste Carboanhydrasehemmer ist das 1953 in die Therapie eingeführte Acetazolamid.

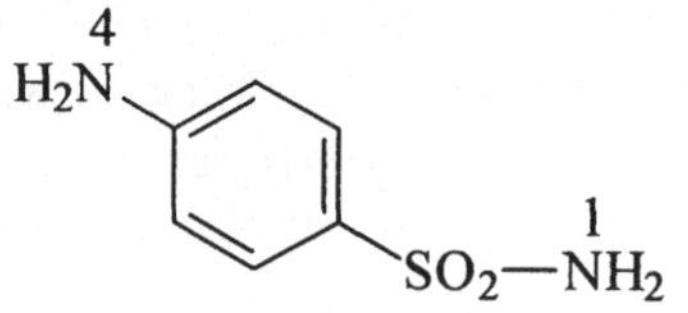

Sulfanilamid

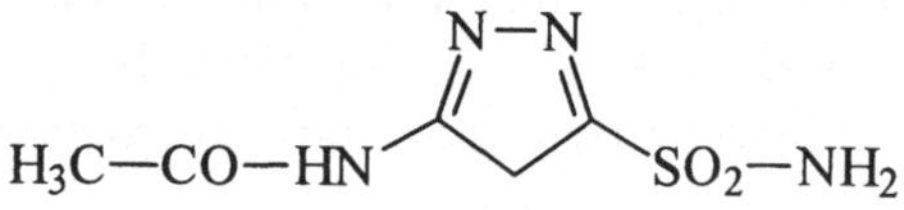

Acetazolamid

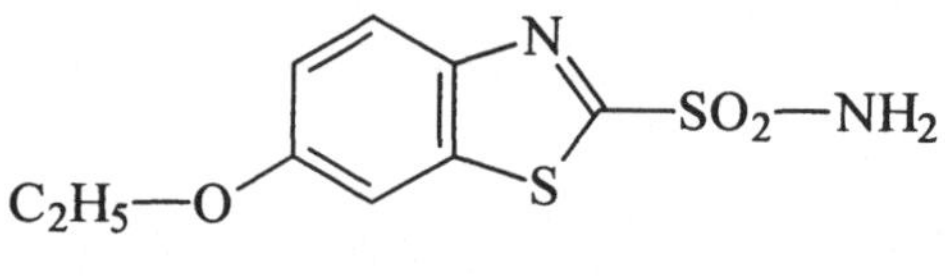

Ethoxzolamid

Abb. 21: Struktur von Carboanhydraseinhibitoren. Der K_i-Wert (50%ige Enzymhemmung) zur Hemmung der Carboanhydrase I in menschlichen Erythrozyten beträgt bei Sulfanilamid 50 µM, bei Acetazolamid 0.2 µM und bei Ethoxzolamid 0.002 µM. Zur Ödemausschwemmung mit Acetazolamid werden durchschnittlich 250 mg pro Tag gegeben. Durch gleichzeitige Gabe von Kaliumhydrogencarbonat kann die HCO_3^--Ausscheidung kompensiert werden.

Aber auch die therapeutische Anwendbarkeit von Acetazolamid und Ethoxzolamid als Saluretika war stark limitiert durch die Nebenwirkung der bereits bei Sulfanilamid beschriebenen Azidose und dem damit verbundenen Verlust an Wirksamkeit.

Heute werden die Carboanhydrasehemmer beim Glaukom zur Verminderung der Kammerwasserbildung eingesetzt, da die Carboanhydrase bei der Produktion von

Kammerwasser im Auge beteiligt ist. Ihr Einsatz erfolgt ebenfalls bei der Pankreatitis zur Verringerung der Sekretion des Pankreassaft-Volumens.

3.2.2 Sulfonamide, die vorwiegend Natriumchlorid ausscheiden

Die begrenzte Anwendbarkeit der Carboanhydrasehemmer als Saluretika stimulierte die Suche nach weiteren synthetischen Sulfonamiden, die weniger Natriumhydrogencarbonat, sondern hauptsächlich Natriumchlorid-Ausscheidung bewirken sollten.

Der Durchbruch in dieser Richtung gelang der Arbeitsgruppe von *F. C. Novello* bei Merck USA mit 4-Chlor-1,3-benzol-disulfonamid (Clofenamid):

4-Chlor-1,3-benzol-disulfonamid
(Clofenamid)

4-Chlor-3-sulfamoyl-benzol-
(N-dimethyl)-sulfonamid

Abb. 22: 4-Chlor-1,3-benzol-disulfonamid (Clofenamid) ist das erste Sulfonamid mit der für viele Sulfonamid-Saluretika entscheidenden ortho-Stellung von Chlor- und Sulfonamidgruppe. Clofenamid scheidet Natriumchlorid etwa 5 bis 10mal soviel aus als Natriumhydrogencarbonat. Substituiert man die beiden Wasserstoffatome der zweiten Sulfonamidgruppe durch zwei Methylgruppen im Clofenamid (rechte Verbindung), so verschwindet die Natriumhydrogencarbonatausscheidung fast vollständig, und es verbleibt eine Natriumchlorid-Ausscheidung.

Der entscheidende Erfolg bei der Synthese von Sulfonamiden mit Natriumchlorid ausscheidender Wirkung war die Einführung eines elektronegativen Cl- oder CF_3-Substituenten in ortho-Stellung zur Sulfonamidgruppe. Eine verstärkte Wirkung erfolgte durch einen weiteren Chlorsubstituenten in direkter Nachbarschaft zum ortho-Chlor wie beim 4,5-Dichlor-1,3-benzol-disulfonamid (Diclofenamid). Schließlich bewirkte die Substitution eines Wasserstoffs an der zweiten Sulfonamidgruppe das fast vollständige Erliegen der HCO_3-Ausscheidung.

Ein unvergleichbar großer Fortschritt war 1957 die Entdeckung des Chlorothiazids durch *F. C. Novello* und *J. M. Sprague*. Die Synthese erfolgte aus dem 4-Amino-6-chlor-1,3-benzol-disulfonamid (Chloraminofenamid) durch Kondensation mit Ameisensäure. Dabei gelangte man durch Einbeziehung der Sulfonamid-Gruppierung in einen heterozyklischen Ring zu einer neuen Diuretika-Klasse. Die exakte Bezeichnung des Ringgerüstes ist 6-Chlor-2H-1,2,4-benzothiadiazin-1,1-dioxid-7-sulfonamid, das vereinfacht Thiazid genannt wird.

4-Amino-6-chlor-1,3-benzol-disulfonamid

(Chloraminofenamid)

6-Chlor-2H-1,2,4-benzothiadiazin-1,1-dioxid-7-sulfonamid

(Chlorothiazid)

Abb. 23: Syntheseweg von 6-Chlor-2H-1,2,4-benzothiadiazin-1,1-dioxid-7-sulfonamid (Chlorothiazid) aus 4-Amino-6-chlor-1,3-benzol-disulfonamid (Chloraminofenamid) und Ameisensäure. 2H- bedeutet, daß der Ringstickstoff in 2-Stellung über Einfachbindung verknüpft ist, und unter einem 1,2,4-Thiadiazin versteht man einen 6 gliedrigen Heterozyklus, der Schwefel (thia) und zwei Stickstoffatome (diaza) in 2- und 4-Stellung enthält.

Chorothiazid ist eine Modellsubstanz für die modernen Diuretika. Es stellte das erste oral wirksame und gut verträgliche Saluretikum dar, das bis dahin allen synthetisierten, diuretisch wirksamen Medikamenten weit überlegen war. Es war besonders gut geeignet für die Langzeittherapie beim Bluthochdruck.

Verbindung	Infusion mg/kg/hr	Natrium µeq/min	Chlorid µeq/min	Kalium µeq/min	pH Urin	CA K_i-Wert
Kontrolle	-	31.4 ± 6.7	13.1 ± 4.4	21.6± 3.5	6.2	-
Sulfanilamid	30.0	51	13	25	6.9	13
Acetazolamid	3.0	186	53	128	8.0	0.07
Clofenamid	3.0	468	303	101	7.4	0.14
Chlorothiazid	0.25	115	80	34	6.7	1.7
Hydrochlorth.	0.25	414	427	39	5.9	23

Tabelle 3: Experimentelle Dokumentation der Fortschritte in der saluretischen Wirkung von Sulfanilamid bis Hydrochlorothiazid. Die Daten wurden von Beyer und Baer an Hunden erhoben. Die Carboanhydrase (CA) wurde an Rindererythrozyten getestet und der K_i-Wert (50%ige Hemmung) in µM ausgedrückt.

Die Tabelle 3 gibt anhand experimenteller Daten die Fortschritte bei der Entwicklung der Saluretika wieder. Mit der starken Hemmung der Carboanhydrase durch

Acetazolamid nimmt auch die Alkalisierung des Urins im Vergleich zu Sulfanilamid durch vermehrte Natrium- und Kaliumhydrogencarbonat-Ausscheidung zu. Erst bei Clofenamid ist eine deutliche Steigerung der Natriumchlorid-Ausscheidung bei noch vorhandener Kaliumhydrogencarbonat-Ausscheidung und Carboanhydrasehemmung zu beobachten. Über Chlorothiazid und Hydrochlorothiazid steigt die Natriumchlorid-Ausscheidung weiter an, und die Carboanhydrasehemmung mit Kaliumhydrogencarbonat-Ausscheidung tritt in den Hintergrund.

Grundsätzlich ändert sich beim Übergang von den Carboanhydrasehemmern zu den Thiaziden der Mechanismus der Sulfonamid-Saluretika. Die Carboanhydrasehemmer wirken auf die Carboanhydrase in den Tubuluszellen im proximalen Tubulus des Nephrons. Dagegen ist bei den Thiaziden die Wirkung auf die Natriumchlorid-Ausscheidung im distalen Tubulus gerichtet. Die Thiazide hemmen dort das elektroneutrale Na^+, Cl^--Cotransportsystem, wahrscheinlich durch Bindung an die Cl^--Bindungsstelle des Transporters. Da die Thiazide aus den Carboanhydrase-Hemmern hervorgegangen sind, besitzen sie neben der Hauptwirkung im distalen Tubulus auf das Na^+, Cl^--Cotransportsystem auch noch eine, meist geringfügige, Nebenwirkung durch Hemmung der Carboanhydrase im proximalen Tubulus.

Charakteristisch für die Thiazide ist die Tatsache, daß über einen bestimmten Dosierungsbereich hinaus keine weitere Steigerung der Wirkung mehr möglich ist. Alle Thiazide erreichen nahezu die gleiche maximale Wirkung bezogen auf die Natriumchlorid-Ausscheidung, und ihr Wirkprofil ist dem des Chlorothiazids vergleichbar. Lediglich bezüglich ihrer relativen Wirksamkeit wurde eine Verbesserung erreicht, d.h., mit verschieden potenten Thiaziden können schon in viel niedrigeren Dosierungen gleich starke saluretische Effekte erreicht werden.

Beim Übergang von Chlorothiazid zu Hydrochlorothiazid konnte die äquivalente Dosis um einen Faktor 20 vermindert werden. Außerdem besitzt Hydrochlorothiazid nur etwa 1/300 der Carboanhydrase-Hemmungsfähigkeit von Acetazolamid. Die Therapie wird heute fast ausschließlich mit Hydrochlorothiazid und seinen Derivaten durchgeführt. Durch Einführung von lipophilen Substituenten konnte die relative Wirkung auf die Natriumchlorid-Ausscheidung noch weiter verbessert werden.

3.2.3 Der Aminocarbonyltyp der Sulfonamiddiuretika

Die Benzothiadiazine leiten sich vom sogenannten Sulfonyltyp mit 4-Chlor-1,3-benzol-disulfonamid (Clofenamid) als potentielle Ausgangssubstanz ab. Eine ähnliche diuretische Wirkung besitzen aber auch Sulfonamidderivate, die in para-Stellung zum Chlor eine Carbonyl-Gruppe besitzen. Im Gegensatz zum Sulfonyltyp bezeichnet man diesen Verbindungstypen als Carbonyltyp.

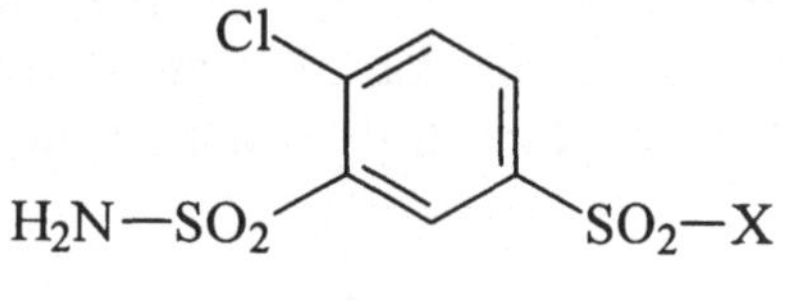

Sulfonyltyp

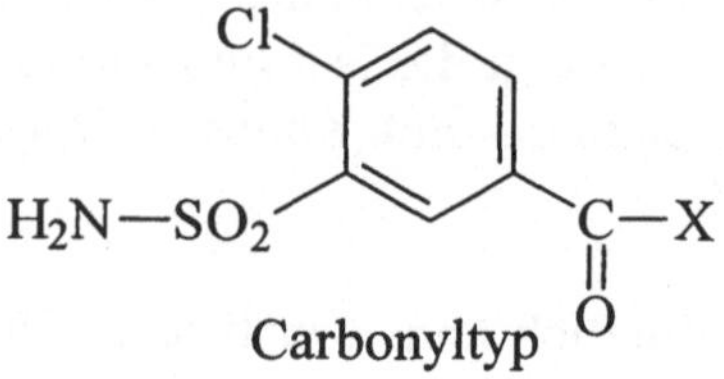

Carbonyltyp

Abb. 24: Einteilung der Sulfonamiddiuretika in Sulfonyl- und Carbonyltyp als Ausgangssubstanzen für weitere diuretisch wirksame Verbindungen.

Als ein Beispiel für einen Carbonyltyp soll das 4-Chlor-2-hydroxy-5-sulfamoyl-N-(2,6-dimethylphenyl)-benzamid (Xipamid) dienen, das im Gegensatz zu den Thiaziden einige Besonderheiten zeigt.

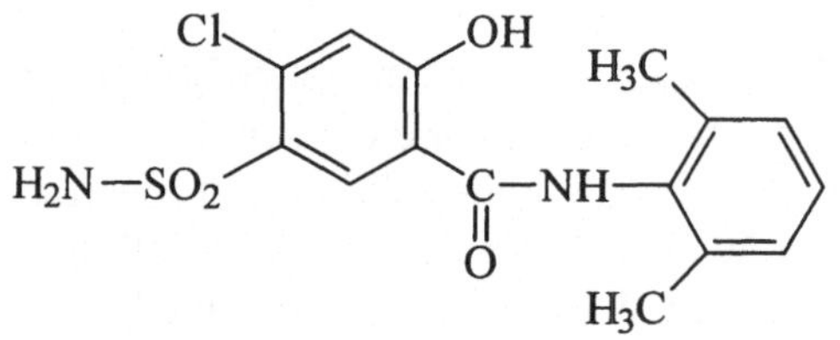

4-Chlor-2-hydroxy-5-sulfamoyl-N-(2,6-dimethylphenyl)-benzamid

(Xipamid)

Abb. 25: 4-Chlor-2-hydroxy-5-sulfamoyl-N-(2,6-dimethylphenyl)-benzamid (Xipamid) als Beispiel eines Carbonyltyps der diuretisch wirksamen Sulfonamide. Die zweite Sulfonamid-Gruppierung ist für die Wirkung nicht essentiell und kann durch eine Carbonsäure bzw. Carbonamid-Funktion ersetzt werden.

Beim Xipamid wurde in der Wirkung eine deutliche Abweichung von den Thiaziden gefunden. Es reduziert im Gegensatz zu den Thiaziden die glomeruläre Filtrationsrate nicht, es erhöht außerdem die Calcium-Ausscheidung, während sie bei Thiaziden vermindert ist, und es wirkt weiterhin bei Patienten mit eingeschränkter Nierenfunktion, bei denen die Thiazide unwirksam sind. Diese Eigenschaften weisen beim Xipamid bereits auf eine neue Art von Saluretika hin.

3.2.4 Furosemid als Schleifendiuretikum

Furosemid (4-Chlor-5-sulfamoyl-N-furfurylanthranilsäure) gehört wie Xipamid entsprechend der vorhergehenden Einteilung zum Carbonyltyp der Sulfonamidderivate. Wie die Thiazide besitzt es in ortho-Stellung ein elektronenabziehendes Chlor als Substituenten, aber anstelle der zweiten Sulfonamidgruppe ist eine Carboxylgruppe vorhanden.

4-Chlor-5-sulfamoyl-N-furfuryl-anthranilsäure

(Furosemid)

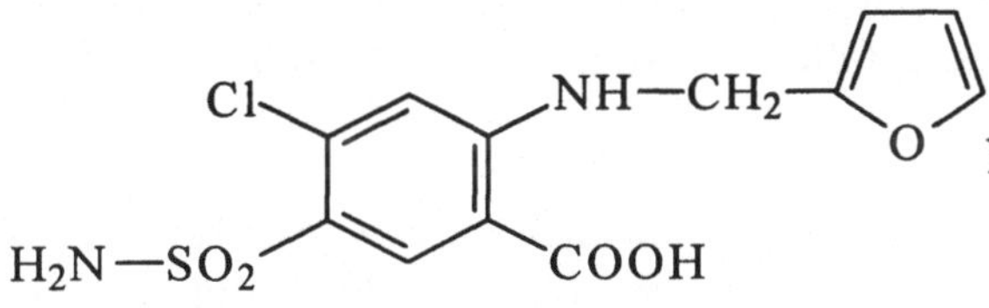

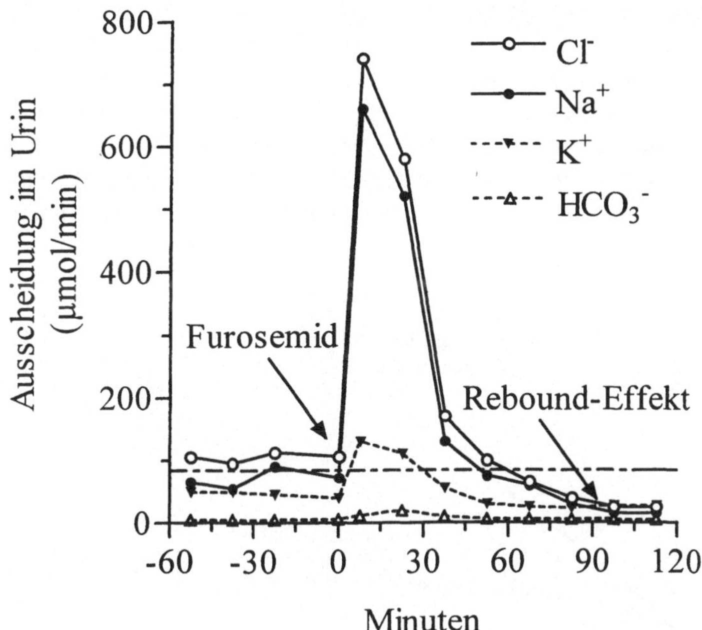

Abb. 26: Strukturformel von 4-Chlor-5-sulfamoyl-N-furfuryl-anthranilsäure (Furosemid).

Obwohl Furosemid eine ähnliche Struktur wie die Thiazide besitzt, ist sein Wirkungsmechanismus grundsätzlich verschieden von dem der Thiazide. Dies äußert sich deutlich in seiner speziellen saluretischen Wirkung.

Abb. 27: Elektrolyt-Ausscheidung eines 13 kg schweren Hundes nach einer i.v. Injektion von 0.3 mg Furosemid/kg. Der Rebound-Effekt ist eine kompensatorische Gegenregulation, die nach Abklingen der Furosemidwirkung die Ausscheidung von Natriumchlorid und Wasser unter die Ausgangswerte (punktgestrichelte Linie) absinken läßt (nach K. Meng und D. Loew, 1974).

76

Die Abbildung 27 zeigt, daß beim Hund bereits kurze Zeit nach der intravenösen Injektion von Furosemid die Natriumchlorid-Ausscheidung steil ansteigt; dies ist mit einer entsprechenden Wasserausscheidung verbunden. Die Salurese ist viel höher als bei allen bisher besprochenen Diuretika. Außerdem nimmt die Ausscheidung an Kalium, Magnesium, Calcium, Ammonium, Phosphat und Hydrogencarbonat zu.

Charakteristisch für Furosemid ist neben dem schnell einsetzenden Wirkungseintritt auch die kurze Wirkdauer, die von einem Rebound-Effekt gefolgt ist. Dieser äußert sich nach Abklingen der Wirkung in einem Absinken der Natriumchlorid- und Wasserausscheidung unter die Ausscheidungsgeschwindigkeit der Ausgangswerte. Als Ursache für den Rebound-Effekt werden kompensatorische Gegenregulationen wie die Aktivierung des Sympathikus und des Renin-Angiotensin-Aldosteron-Systems verantwortlich gemacht.

Die im Tierexperiment ermittelte Pharmakodynamik von Furosemid entspricht der beim Menschen. Die ersten pharmakologischen Untersuchungen mit Furosemid wurden 1959 von *R. Muschaweck* durchgeführt. Unter der Bezeichnung Salu 58 war es die 300. Verbindung, die im Hoechster Laboratorium von Muschaweck untersucht worden war, und die später unter dem Firmennamen *Lasix* eine steile Karriere gemacht hat. Bei der Untersuchung von ödemfreien Probanden wurde festgestellt, daß Furosemid sich bezüglich der Dosiswirkungskurve eindeutig von den Thiaziden unterscheidet. Wie bereits beschrieben, erreicht die Thiazidwirkung ein Plateau, das bei Erhöhung der Dosis nicht mehr steigerbar ist. Dagegen kann Furosemid seine Wirkung weit über diesen Bereich hinaus nahezu linear steigern.

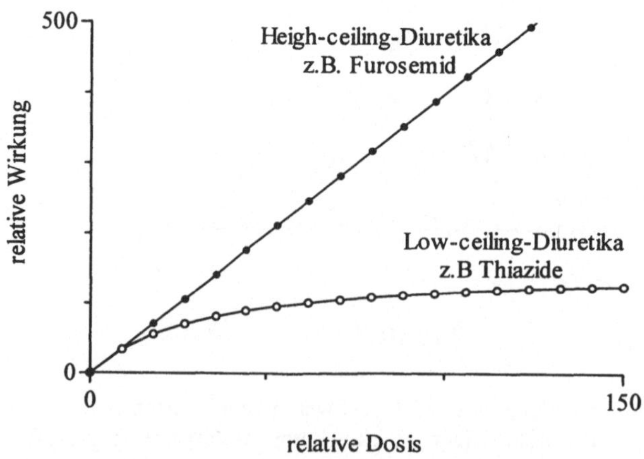

Abb. 28: Schematische Darstellung der Wirkungsstärke von Diuretika

Bei den Thiaziden und analogen Substanzen ist bereits nach Verdoppelung oder Vervierfachung der mittleren Dosis keine Steigerung der Wirkung mehr möglich. Da ihr Maximaleffekt relativ gering ist, werden sie als Low-ceiling-Diuretika bezeichnet. Furosemid weist dagegen einen weitaus größeren Dosisbereich mit einem steilen und nahezu linearen Anstieg der Wirkung auf. Es wird daher zu den sogenannten High-ceiling-Diuretika gezählt. Diese Substanzen haben im Vergleich zu den Thiaziden stärkere Gesamteffekte, d.h., sie besitzen eine höhere Leistungsreserve, die auch bei Patienten mit eingeschränkter Nierenfunktion ausnutzbar ist.

Ursache für die starke diuretische Wirkung des Furosemids ist seine Hemmwirkung auf das Na^+, K^+, $2Cl^-$-Cotransportsystem im dicken aufsteigenden Schenkel der Henle-Schleife des Nephrons. Aus diesem Grunde bezeichnet man Furosemid auch als Schleifendiuretikum. Der Angriffspunkt erfolgt von der luminalen Seite aus. Durch tubuläre Sekretion des Furosemids wird eine 10 bis 20mal höhere Konzentration im Tubulus als im Blutplasma erreicht. Die Hemmwirkung auf den Na^+, K^+, $2Cl^-$-Rücktransport ist so groß, daß bei hohen Dosen 20 bis 25% des filtrierten Natriums zur Ausscheidung gebracht werden können. Bei entsprechender Flüssigkeitszufuhr lassen sich 35 bis 45 Liter Harn am Tag ausscheiden.

3.2.5 Die chemische Struktur der Sulfonamid-Schleifendiuretika

Außer Furosemid wurden noch weitere Schleifendiuretika wie Azosemid, Bumetanid, Besunid und Piretanid als aromatische Carbonsäuren mit einer Sulfonamidgruppe synthetisiert. Diese Substanzen sind fast alle deutlich wirksamer als Furosemid, sie unterscheiden sich aber nicht bezüglich des Wirkungsmechanismus mit Angriffspunkt auf das Na^+, K^+, $2Cl^-$-Cotransportsystem.

(Furosemid)

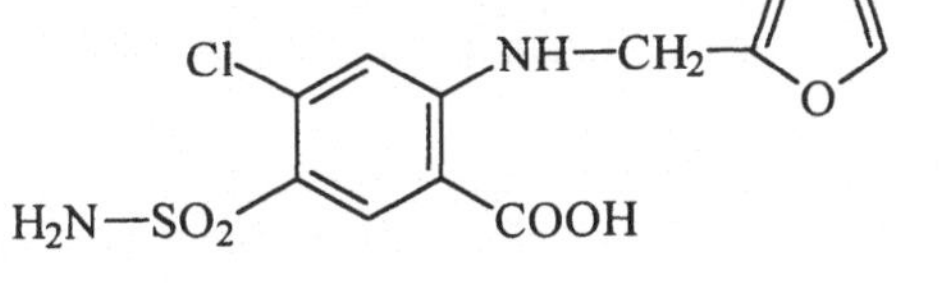

4-Chlor-5-sulfamoyl-N-furfuryl-anthranilsäure

(Azosemid)

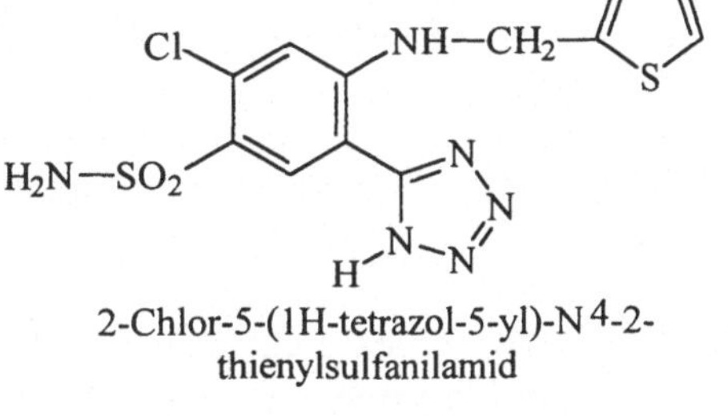

2-Chlor-5-(1H-tetrazol-5-yl)-N 4-2-thienylsulfanilamid

Abb. 29: Strukturelle Ähnlichkeit zwischen Furosemid und Azosemid

Azosemid ähnelt in seiner Struktur dem Furosemid. Anstelle der Carboxylgruppe trägt Azosemid einen ebenfalls sauren Tetrazolyl-Rest und die Furylgruppe wurde gegen einen Thienylring ausgetauscht. Diese Veränderung bewirkte eine ausgeprägte Lipophilie des Moleküls und verlängerte die diuretische Wirkungsdauer des Azosemids.

Bis 1971 ging man davon aus, daß die elektronenabziehende Wirkung des Substituenten in ortho-Stellung zur Sulfonamidgruppe ein notwendiges Strukturmerkmal für die saluretische Wirkung der Sulfonamide ist. Dies ist bei den Schleifendiuretika Bumetanid, Besunid und Piretanid nicht zutreffend. Ihre Wirkung ist sogar ohne einen elektronenabziehenden Substituenten noch viel größer als die von Furosemid und Azosemid.

(Bumetanid)

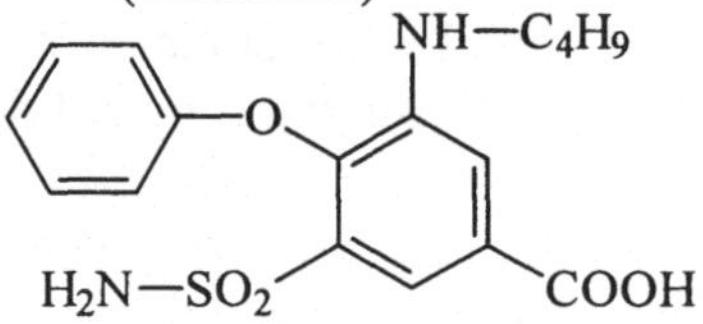

3-Butylamino-4-phenoxy-5-
sulfamoyl-benzoesäure

(Besunid)

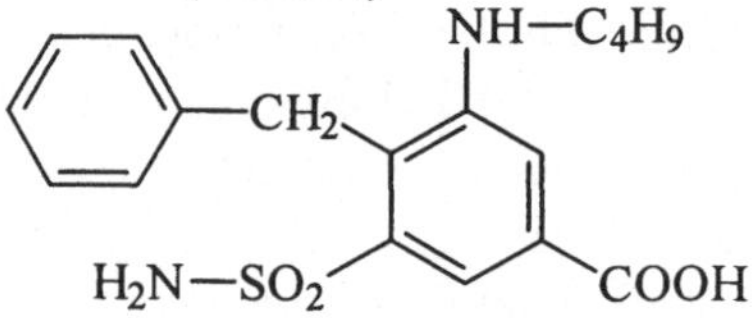

3-Benzyl-3-butylamino-5-
sulfamoyl-benzoesäure

(Piretanid)

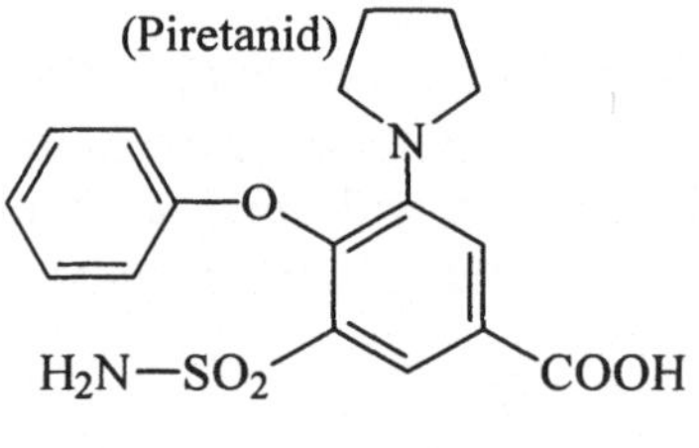

4-Phenoxy-3(1-pyrrolidynyl)-5-
sulfamoyl-benzoesäure

(Hydrochlorothiazid-analoge Verbindung)

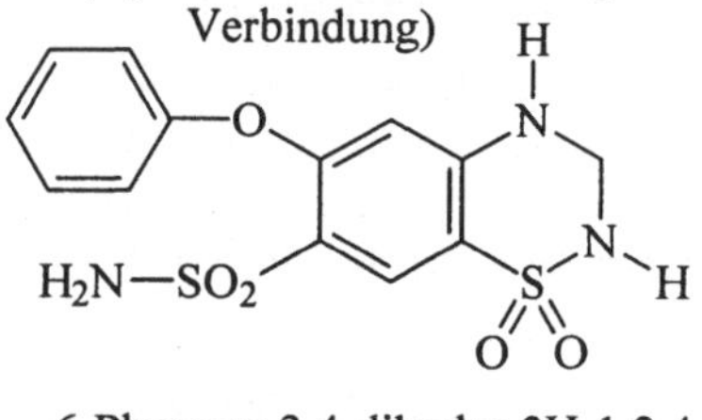

6-Phenoxy-3,4-dihydro-2H-1,2,4-
benzothiadiazin-1,1-dioxid-7-sulfonam

Abb 30: Strukturvergleich zwischen Bumetanid, Besunid, Piretanid und einer Hydrochlorothiazid-analogen Verbindung, in der das elektronenabziehende Chlorid durch einen Phenoxyrest ersetzt wurde.

Die Bedeutung eines elektronenabziehenden Substituenten in der ortho-Stellung zur Sulfonamidgruppe versuchten *P. W. Feit* und Mitarbeiter 1972 durch Synthese eines Benzothiadiazin-Derivates mit Substitution des Chlors durch eine Phenoxygruppe zu klären. Zu ihrer Überraschung hatte die analoge Verbindung gar keine diuretische Wirkung mehr. Dies zeigt, daß das Postulat für die Thiazide mit Wirkung auf den Na^+, Cl^--Cotransport im frühen distalen Tubulus durchaus richtig sein kann, während dies bei den oben aufgezeigten Schleifendiuretika mit Wirkung auf den Na^+, K^+, $2Cl^-$-Cotransport nicht mehr gilt. Die Schleifen- diuretika stellen somit eine eigene Gruppe von Substanzen dar.

Während Bumetanid eine 40- bis 60mal stärkere Wirkung als Furosemid besitzt, unterscheidet es sich im Maximaleffekt und im Wirkungsmechanismus nicht von Furosemid. Aufgrund seiner außerordentlichen Leistungsreserve kann es noch bei Patienten eingesetzt werden, die sonst nur mit sehr hohen Furosemiddosen behandelt werden müßten. Obwohl Besunid sogar 5mal wirksamer ist als Bumetanid, konnte es sich wegen sonst fehlender weiterer therapeutischer Vorteile nicht durchsetzen. Dagegen hat das Piretanid, das etwa 7mal stärker wirksam ist als Furosemid, neben seiner Wirkung als Schleifendiuretikum einen zusätzlichen diuretischen Effekt am proximalen und distalen Tubulus.

3.2.6 Antidiabetisch wirksame Sulfonamide

Mit der chemotherapeutischen Hauptwirkung und den unterschiedlichsten diuretischen Wirkungen ist die Potenz der Sulfonamide als Ausgangsstoffe für weitere wertvolle Medikamente noch nicht erschöpft. Im Jahre 1942 wurde in Frankreich bei der chemotherapeutischen Behandlung eines an Typhus erkrankten Patienten mit Sulfonamidoisopropylthiadiazol eine weitere Nebenwirkung der Sulfonamide beobachtet, die sich in einer schweren hypoglykämischen Reaktion des geschwächten Patienten äußerte.

Dabei handelte es sich um eine pathologische Verminderung des Blutzuckers mit vegetativen Symptomen als Ausdruck der adrenergen Gegenregulation, die beim hypoglykämischen Patienten mit kaltem Schweiß, Zittern, Hungergefühl, Herzklopfen, Hautblässe und neurologischen Ausfällen wie Koordinationsstörungen, Doppelbildern, Ataxie und Apathie bis hin zum hypoglykämischen Schock in Erscheinung treten können. Von den behandelnden Ärzten wurde der Zusammenhang zwischen dem Sulfonamid und der hypoglykämischen Reaktion erkannt. Weitere Untersuchungen ergaben, daß die Hypoglykämie durch eine sulfonamidbedingte Freisetzung von Insulin aus den ß-Zellen des Pankreas bewirkt worden war, welches die Verminderung des Blutzuckers verursachte. Beim Fehlen von Insulin wie beim Diabetes mellitus, der erblichen Zuckerkrankheit, war keine Wirkung mit dem Sulfonamid zu erzielen.

Im Jahre 1955 wurde nach dem Vorbild des Sulfonamidoisopropylthiadiazol versucht, noch wirksamere blutzuckersenkende Sulfonamide zu synthetisieren.

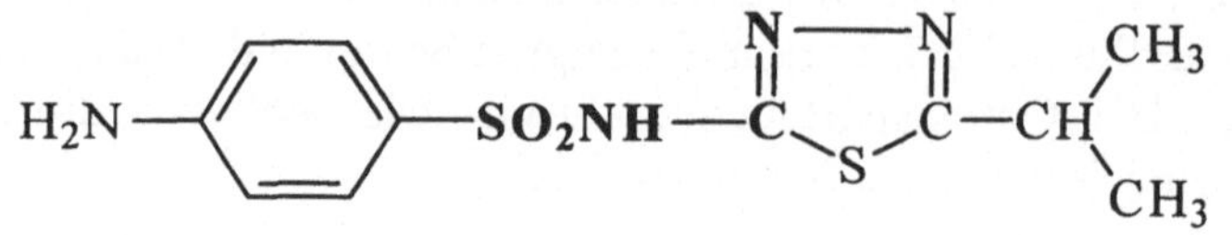

H_2N- [Ring] $-SO_2NH-C$ [N—N thiadiazol ring with S] $C-CH(CH_3)_2$

Sulfanilamido-isopropylthiadiazol

Aryl- $SO_2NHCONH$ -R = Wirkform

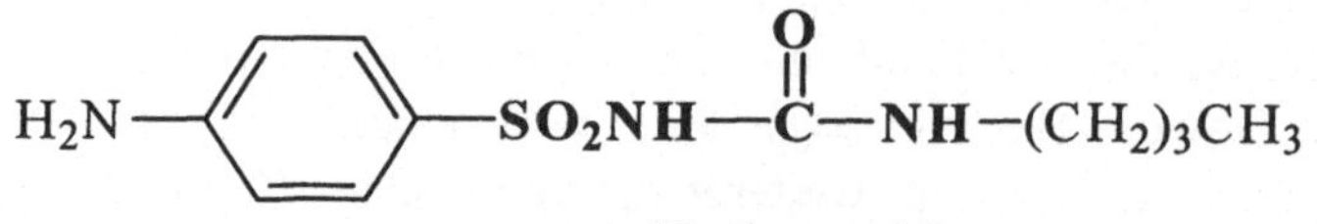

H_2N- [Ring] $-SO_2NH-\overset{O}{\overset{\|}{C}}-NH-(CH_2)_3CH_3$

(Carbutamid)

erstes Sulfonylharnstoff-derivat

Abb. 31: Der Zufallsbefund einer blutzuckersenkenden Eigenschaft von Sulfanilamido- isopropylthiazol bei einem Typhus-Patienten führte zu den Antidiabetika vom Sulfonamidtyp. Bei der systematischen Suche nach der Wirkform wurde die Sulfonylharnstoff-Gruppe entdeckt. Carbutamid war das erste klinisch einsetzbare Sulfonylharnstoffderivat.

Einen wesentlichen Erfolg hatten Sulfonylharnstoffderivate. Das erste Medikament dieser Reihe war das Carbutamid, das neben seiner blutzucker-senkenden Wirkung auch noch alle Eigenschaften eines bakteriostatisch wirksamen Sulfonamids aufwies. Durch Einführung einer Methylgruppe anstelle der Aminogruppe im aromatischen Ring konnte diese hier unerwünschte chemotherapeutische Aktivität aufgehoben werden, ohne daß die Wirkung auf den Blutzucker verloren ging. Die entstandene Verbindung war das Antidiabetikum Tolbutamid. Durch systematische Strukturabwandlungen, die unter anderem auch blutzuckersenkende Wirkung von Sulfonylsemicarbaziden und 2-Sulfonylaminopyrimidin hervorbrachte, gelangte man schließlich zu oralen Antidiabetika der sogenannten zweiten Generation. 1966 wurde Glibenclamid als ein neues Sulfonylharnstoffderivat vorgestellt, das in etwa 300mal wirksamer ist als Tolbutamid.

(Tolbutamid) H_3C- [Ring] $-SO_2NH-\overset{O}{\overset{\|}{C}}-NH-(CH_2)_3CH_3$

[Cl, OCH$_3$ substituted Ring] $-CO-NH-CH_2-CH_2-$ [Ring] $-SO_2NH-\overset{O}{\overset{\|}{C}}-NH-$ [Ring-H]

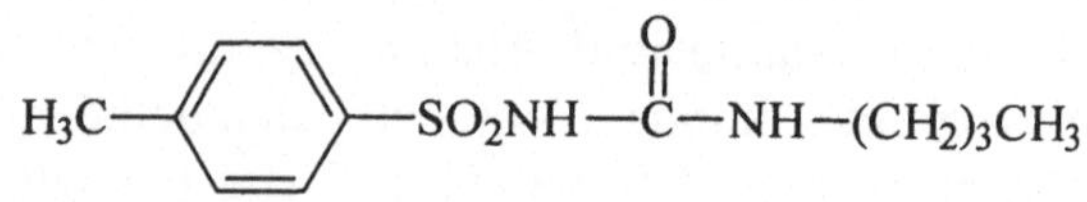

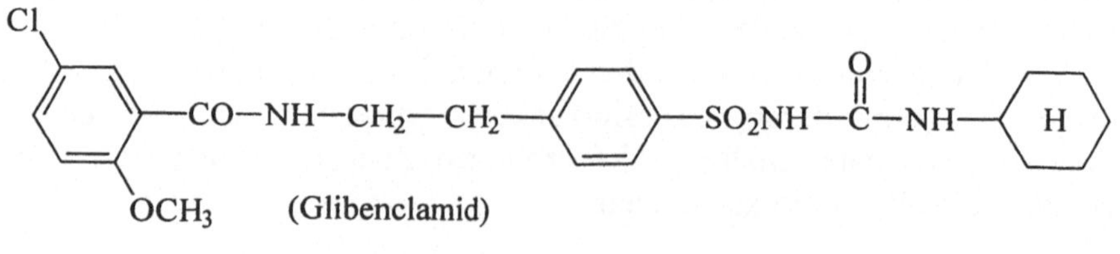

(Glibenclamid)

Abb. 32: Struktur von Tolbutamid und Glibenclamid, dem Sulfonylharnstoff der 2. Generation.

Die oralen Antidiabetika vom Sulfonylharnstoff-Typ wirken alle qualitativ gleich, indem sie gespeichertes Insulin aus den ß-Zellen des Pankreas mobilisieren und damit die Ansprechbarkeit auf das physiologische Glucose-Signal in den ß-Zellen verbessern. Haben diese Zellen ihr gespeichertes Insulin abgegeben, so ist eine erneute Abgabe erst nach einer gewissen Latenz möglich.

Der genaue Angriffspunkt der Sulfonylharnstoff-Derivate sind die ATP-regulierten Kaliumkanäle in der Zellmembran von ß-Zellen. Diese Kaliumkanäle bewirken indirekt die physiologische Freisetzung von Insulin aus ihren Granula. Erhöhte Glucosespiegel im Blut führen über Glucosetransporter in der Membran der ß-Zellen, via Glykolyse und Atmungskette zu einer gesteigerten intrazellulären ATP-Synthese. Hohe ATP-Konzentrationen blockieren von innen die Kaliumkanäle. Durch diese Hemmung wird die Hyperpolarisation der Zellmembran, die kanalbedingt ist, aufgehoben. Die erfolgte Potentialänderung wiederum aktiviert spannungsabhängige Calciumkanäle in der Zellmembran, die sich öffnen und einen Calciumeinstrom in die Zelle hervorrufen. Der Calciumanstieg in der Zelle ist schließlich das eigentliche Signal für die Exozytose von Insulin aus der Zelle.

Die Sulfonylharnstoffderivate verhalten sich wie hohe ATP-Konzentrationen am Kalium-Kanal. Sie blockieren den Kaliumkanal, jedoch im Gegensatz zum ATP an der Außenseite der Zellmembran. Die Auswirkung ist in beiden Fällen die gleiche, es wird über den spannungsabhängigen Calciumeinstrom in die ß-Zellen eine Freisetzung von Insulin aus den Granula produziert.

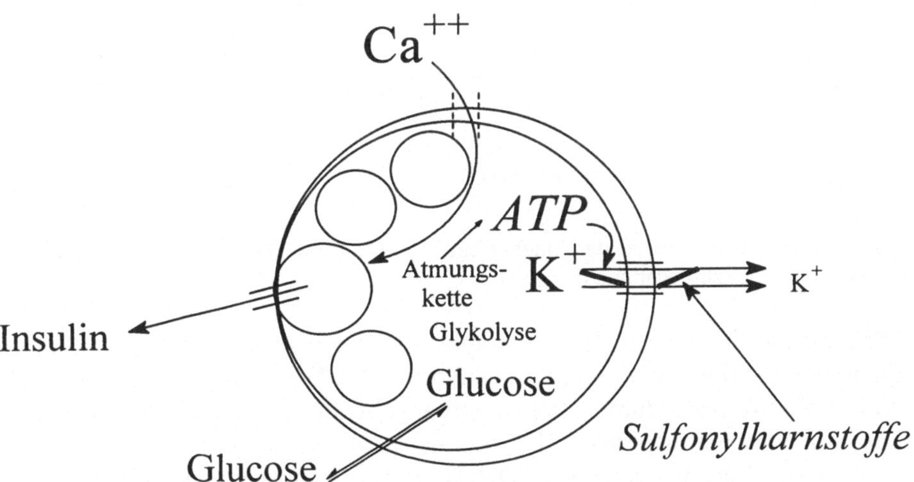

Abb. 33: Schematische Darstellung des Wirkungsmechanismus der Insulin-Freisetzung (nach Panten und Lenzen, 1988).

3.2.7 Sulfonamide - Thyreostatika

Mit den antidiabetischen Nebenwirkungen ist das Spektrum der Sulfonamidwirkungen jedoch noch immer nicht beendet. Die Thyreostatika vom Thioharnstoff-Typ haben ebenfalls ihren Ursprung in einem Sulfonamid. 1941 wurde durch Zufall beobachtet, daß Ratten, die mit dem bakteriostatisch wirkenden Sulfaguanidin behandelt worden waren, eine Struma entwickelten. Eine andere Arbeitsgruppe bemerkte, daß Phenylthiocarbamid ebenfalls bei Ratten diese Wirkung hatte. Systematische Untersuchungen führten zu den Thioharnstoffen. Bezüglich der toxischen Wirkung waren schließlich Propylthiouracil, Thiamazol und Carbimazol den Ausgangsverbindungen weitgehend überlegen. Sie werden unter der Gruppenbezeichnung Thioamide als Thyreostatika eingesetzt.

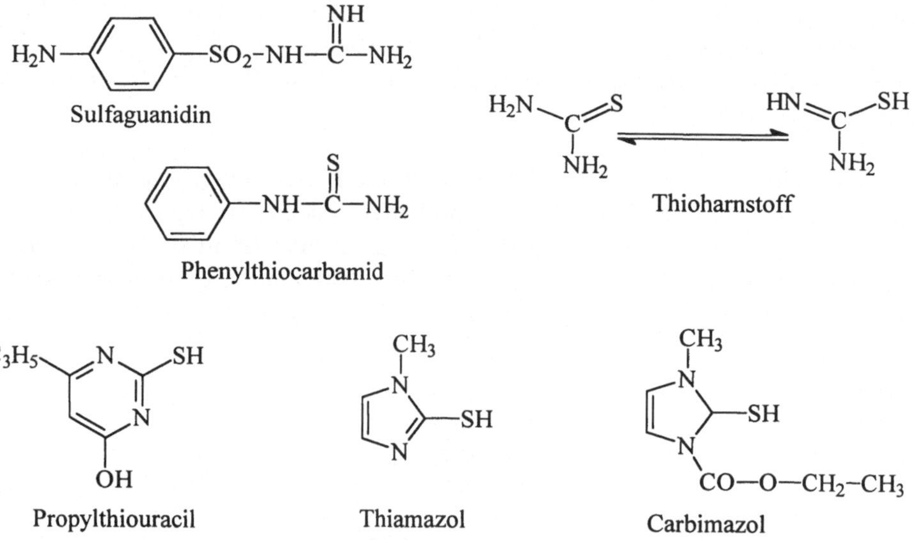

Abb. 34: Entwicklungsgeschichte der Thioharnstoffderivate (Thioamide) als Thyreostatika aus Sulfaguanidin und Phenylthiocarbamid.

Der Wirkungsmechanismus der Thioamide als Thyreostatika besteht in einer Hemmung der Synthese von Schilddrüsenhormonen. Das in die Schilddrüse aufgenommene Iodid wird durch eine membrangebundene Peroxidase unter Verwendung von Wasserstoffperoxid als Coferment oxidiert und dann in die Tyrosinreste des Thyreoglobulins eingebaut. Die Thioamide hemmen sowohl die thyreoidale Peroxidase als auch den Einbau von Iodid in Thyreoglobulin. Erst wenn das Hormondepot geleert ist, setzt ihre thyreostatische Wirkung ein.

4 Dosis und Wirkung

In den vorangehenden Kapiteln wurden zahlreiche Wirkorte und Rezeptoren für Sulfonamide sowie Zusammenhänge zwischen der chemischen Struktur der Sulfonamide und ihrer Wirkung beschrieben. Es wurde außerdem die Vielseitigkeit der Wirkungen und Nebenwirkungen der Sulfonamide aufgezeigt. Im Falle der chemotherapeutischen Hauptwirkung waren die Bakterien das selektive Ziel ihres Angriffspunktes. Die Nebenwirkung der Carboanhydrasehemmung der Sulfonamide wurde exploriert, und systematische Sulfonamidsynthesen führten schließlich zu den Thiazid- und Schleifendiuretika. Die genauen Beobachtungen von Ärzten am Krankenbett und von experimentierenden Forschern an Versuchstieren bei der Sulfonamidverabreichung waren der Ausgangspunkt für die klinische Entwicklung von antidiabetischen Sulfonamiden und Thyreostatika.

Es sind aber nicht nur allein die Wirkungen am Erfolgsorgan und am Rezeptor von Bedeutung für die Pharmakologie, sondern auch die Erkenntnisse, die sich aus der Beziehung zwischen Dosis und Wirkung an Mensch und Tier ergeben. Aus dem Verlauf einer Dosiswirkungskurve lassen sich Informationen entnehmen, die insbesondere der Arzneimittelsicherheit dienen. Die Dosis, welche stets im Zusammenhang mit einer bestimmten Arznei steht, ist eine althergebrachte Bezeichnung für eine bestimmte Menge an Arznei zur Erzielung einer therapeutischen Wirkung beim Menschen. Sie wurde bereits von Paracelsus benutzt, gibt aber nicht den genauen Parameter wieder, der für die Wirkung am Erfolgsorgan verantwortlich ist. Es müßte richtig anstelle der Dosis die Konzentration stehen. Da der Begriff Dosis sich so fest eingebürgert hat und außerdem stillschweigend vorausgesetzt wird, daß die Dosierung im Prinzip für einen Einheitsmenschen mit dem mittleren Gewicht von 70 kg ausgelegt ist, muß bei der Dosisangabe in Medikamenten-Listen, wie z.B. in der Roten Liste, schließlich doch eine Konzentrationsangabe als „Dosis oder Menge an Substanz pro 70 kg Einheitsmensch" verstanden werden. Kinder benötigen schon aus diesem Grund eine eigene Angabe der „Dosierung".

4.1 Konzentrations-Wirkungsbeziehung am Individuum

Die Wirkungen von Medikamenten verlaufen, wie bei den High- and Low-ceiling-Diuretika gezeigt wurde, im allgemeinen graduell, sie können anhand einer fortlaufenden Skala gemessen werden. Es gibt dabei einen deutlichen Zusammenhang zwischen der pharmakologischen Wirkung und der verwendeten Wirkstoffkonzentration. In den allermeisten Fällen resultiert dabei eine hyperbolische oder sigmoide Kurve ähnlich wie bei einer Enzymreaktion. In der Pharmakologie hat es sich eingebürgert, diese Kurven in der sogenannten halblogarithmischen Form darzustellen, indem man die Konzentration des Wirkstoffes logarithmisch auf der X-Achse und die Wirkung auf der Y-Achse linear aufträgt. Dies hat den Vorteil, daß sehr große Konzentrationsbereiche übersichtlich dargestellt werden können und daß am Wendepunkt der Kurve ein quasilinearer Bereich besteht. Dieser Bereich erscheint besonders ausgeprägt bei Medikamenten mit hohen Maximalwerten, wie bei den Schleifendiuretika.

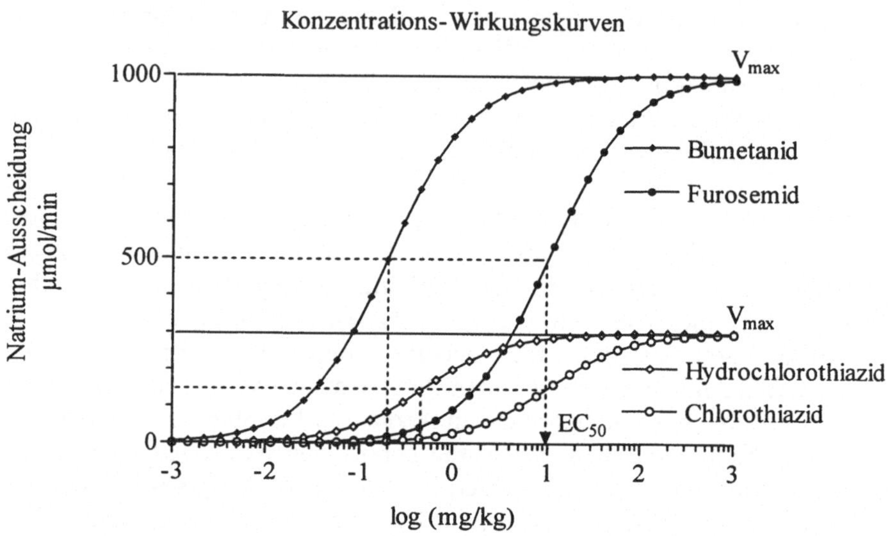

Abb. 35: Graphische Darstellung verchiedener Konzentrations-Wirkungskurven von Thiaziden und Schleifendiuretika (konstruierte Kurven) in der halblogarithmischen Form. Für die Schleifendiuretika Bumetanid und Furosemid wurde angenommen, daß die maximale Ausscheidung von Natrium in µmol/min (V_{max}, High-ceiling-Diuretika) mehr als dreimal so hoch ist als bei den Thiaziden. Um ihren Wendepunkt ist ein quasilineare Bereich deutlich erkennbar. Die Konzentration am Wendepunkt auf der X-Achse abgegriffen gibt die effektive concentration für eine 50%ige Wirkung (EC_{50}) im logarithmischen Maßstab an. Bumetanid ist danach 50mal potenter als Furosemid (EC_{50} Bumetanid 0.2 mg/kg, Furosemid 10 mg/kg). Ihr paralleler Kurvenverlauf deutet an, daß sie am gleichen Transportsystem in der aufsteigenden Henleschen Schleife wirken. Bei den Thiaziden resultiert eine deutlich geringere maximale Natrium-Ausscheidung (V_{max}, Low-ceiling-Diuretika). Ihr Wirkort ist für beide Thiazide der Na^+, Cl^--Cotransporter im frühen distalen Tubulus, und es besteht ein deutlicher Unterschied zu den V_{max}-Werte der Schleifendiuretika. Hydrochlorothiazid ist 20mal wirksamer als Chlorothiazid (EC_{50} Hydrochlorothiazid 0.5 mg/kg und für Chlorothiazid 10 mg/kg).

Die Abhängigkeit der Wirkung von der Konzentration eines Medikamentes ist eine für jede Substanz charakteristische Funktion. Dies soll besonders augenscheinlich in den Konzentrations-Wirkungskurven in der Abb. 35 zum Ausdruck kommen. Die Kurven lassen sich aus experimentell erhaltenen Meßwerten berechnen, z.B. durch nichtlineare Regressionsanalyse unter Einbeziehung eines mathematischen Modells für sigmoide Kurven. Die Kurven werden durch 3 Parameter, ähnlich wie in der Enzymchemie, charakterisiert. Diese sind:

Erstens: *Die maximale Wirkungsstärke, V_{max}, oder auch Wirkaktivität genannt.*

Zweitens: *Die Konzentration, bei der die halbmaximale Wirkung erreicht wird, EC_{50}.*

Drittens: *Die Steilheit der Kurve.*

Die Konzentrations-Wirkungskurven der Diuretika in Abb. 35 zeigen darüber hinaus zwei verschiedene Klassen von Diuretika an, die Thiazide als Low-ceiling-Diuretika mit niedrigem und die Schleifendiuretika als Heigh-ceiling-Diuretika mit hohem V_{max}-Wert. Innerhalb der zwei Klassen hat Hydrochlorothiazid eine 20fach größere Wirksamkeit als Chlorothiazid und Butmetanid sogar eine 50fach größere Potenz als Furosemid. Der parallele Kurvenverlauf der beiden Konzentrations-Wirkungskurven innerhalb der Thiazidgruppe und ebenfalls innerhalb der Schleifendiuretika deutet auf Zugehörigkeit zum gleichen Transport-System, für Thiazide ist es der Na^+,Cl^--Cotransporter und für die Schleifendiuretika der Na^+, K^+, $2Cl^-$-Cotransporter.

Bei Versuchen am Ganztier sowie beim therapeutischen Einsatz von Medikamenten am Patienten sind die Konzentrationen unmittelbar am Wirkort, wie am Beispiel mit den Diuretika im distalen Tubulus oder in der Henlesche Schleife, nicht unmittelbar meßbar. Die graduelle Wirkung der Natrium-Ausscheidung im Urin wurde mit der errechneten Konzentration aus der Dosierung in mg/kg Körpergewicht in Beziehung gesetzt und damit die Konzentrations-Wirkungskurve für das Individuum erhalten. Für die Beurteilung der Transporter selbst kann im Prinzip, wenn auch mit größerem experimentellem Aufwand, die Konzentration am isolierten Nierenpräparat im dazugehörigen Nephronabschnitt unmittelbar am Transporter bestimmt werden. Damit erhält man eine Konzentrations-Wirkungskurve, die direkte Informationen über die Inhibition des Transporters durch die Diuretika zuläßt.

Wenn man ein Medikament am Ganztier oder am Patienten beurteilt, so sind neben der Hauptwirkung auch eine oder mehrere Nebenwirkungen von Wichtigkeit für die Arzneimittelsicherheit. Nebenwirkungen sind in den meisten Fällen unerwünscht und begrenzen oft den therapeutischen Einsatz von Medikamenten. Aus diesem Grunde sind Konzentrations-Wirkungskurven von Bedeutung, die zusätzlich zu der Hauptwirkung auch die Nebenwirkungen mit erfassen und das Verhältnis der Nebenwirkung zur Hauptwirkung überprüfbar darstellen.

4.2 Dosis-Wirkungsbeziehung am Kollektiv

In der Arzneiverodnung muß die Dosisangabe für den Patienten einen hohen Sicherheitsstandard haben. Aus technischen und praktikablen Gründen ist eine genaue Dosierung bei jedem Menschen nach dem genauen Körpergewicht nicht allgemein durchführbar. Für diesen Fall müßte die Apotheke eine große Anzahl abgestufter Medikamente für sozusagen alle Körpergewichte bereithalten. Die natürliche Schwankungsbreite des Körpergewichts beim Erwachsenen, die also bewußt in Kauf genommen werden muß, bringt einen gewissen Unsicherheitsfaktor.

Hinzu kommt noch die große biologische Schwankungsbreite in der Wirkung des Medikaments bei verschiedenen Menschen. Nach den Regeln der Wahrscheinlichkeit ist hierbei zu erwarten, daß eine gewisse Anzahl von Patienten schwächer oder stärker auf das Medikament anspricht. Außerdem müssen nicht nur die Hauptwirkung des Medikaments, sondern auch eine oder mehrere Nebenwirkungen beachtet werden. Der Pharmakologe *Gustav Kuschinsky* hat die große Wahrscheinlichkeit des gleichzeitigen Vorhandenseins von Haupt- und Nebenwirkung für Studenten anschaulich machen wollen, indem er den Spruch geprägt hat: „Wenn ein Medikament keine Nebenwirkung besitzt, dann hat es wahrscheinlich auch keine Hauptwirkung."

Dies alles sind Gründe, die Dosis-Wirkungen nicht allein an einzelnen Individuen zu testen, sondern sie nach Möglichkeit an einem großen Kollektiv zu überprüfen. Je größer das Kollektiv in der Studie ist, desto größer wird auch die statistische Sicherheit der so ermittelten Einzeldosis (ED) oder Normdosis (ND) sein. Bei dieser Prüfmethode wird mit steigender Dosis eines Medikamentes nicht wie vorher die Quantität der Wirkung, sondern einzig und allein das Eintreten der Wirkung und die Anzahl der reagierenden Individuen festgelegt. Die Dosis wird solange gesteigert, bis schließlich alle Individuen des Kollektivs eine Wirkung zeigen.

Es gibt dabei zwei Möglichkeiten, die erhaltenen Daten auszuwerten. Die einfachste ist, graphisch jede getestete Dosis logarithmisch auf der X-Achse gegen die dazugehörende Anzahl der reagierenden Individuen auf der Y-Achse linear aufzutragen. Es resultiert eine Dosis-Häufigkeits-Beziehung, die sich in den meisten Fällen als eine glockenförmige, logarithmische Normalverteilung darstellt. Die Dosis am Scheitel der Normalverteilung entspricht der Einzeldosis, bei der 50% der Individuen eine Wirkung zeigen (ED_{50}), und die Breite der Normalverteilung reflektiert die Varianz des Wirkungseintritts bei den einzelnen Individuen.

In der zweiten Darstellung, die am Häufigsten angewandt wird, trägt man die reagierenden Individuen kumulativ gegen den Logarithmus der Dosis auf. Es wird hierbei der Prozentsatz der Individuen berechnet, der insgesamt bei einer bestimmten Dosis eine Wirkung zeigt.

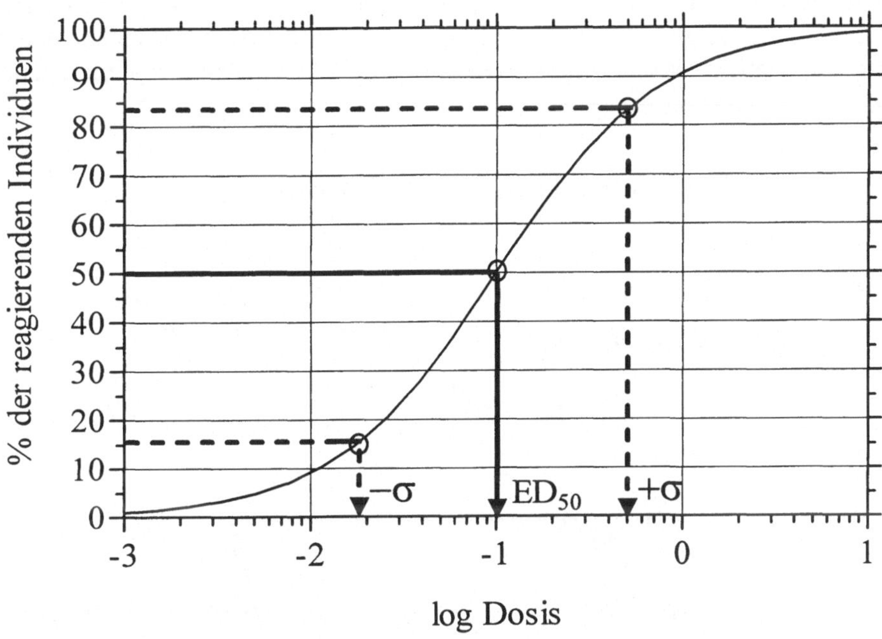

Abb. 36: Dosis-Häufigkeits-Beziehung (kumulative Häufigkeitsverteilung). Die Zahl der insgesamt reagierenden Individuen ist in Prozent gegen den Logarithmus der Dosis aufgetragen. Bei 50% der reagierenden Individuen liegt auf der X-Achse der Mittelwert der Dosis, die ED_{50}. Außerdem ist die Standardabweichung vom Mittelwert mit ± σ eingezeichnet.

Wenn man die kumulative Häufigkeitsverteilung aufträgt, bekommt man ebenfalls eine typische logarithmische Dosis-Wirkungskurve in sigmoider Form. Die Steilheit der Kurve reflektiert hier aber die Varianz des Wirkungseintrittes bei den Individuen. Die Standardabweichung σ ist z.B. ein Maß für die Streuung der Werte um die ED_{50}, den Mittelwert, die 68% aller Einzelwerte umschließt. Für ein Kollektiv ist somit diese statistisch definierte Dosis mit großer Wahrscheinlichkeit zutreffend. Bei der Arzneimittelentwicklung in der klinischen und präklinischen Phase werden solche Dosis-Wirkungsbeziehungen am Kollektiv durchgeführt.

Für die Arzneimittelsicherheit sind Tierversuche unerläßlich, um die therapeutische Breite eines Medikamentes abschätzen zu können. Unter der therapeutischen Breite versteht man den Abstand der Empfindlichkeitskurven für die therapeutische und die letale (tödliche) Wirkung.

Diese letztere wird in ähnlicher Weise wie die ED_{50} am Kollektiv bestimmt. Es ist die Dosis, durch welche 50% der Tiere getötet werden, und sie trägt die Bezeichnung LD_{50} (letale Dosis). Die letzte Abbildung zeigt für zwei verschiedene Medikamente kumulative Dosis-Wirkungs-Kurven, die den Abstand von therapeutischer zu letaler Wirkung wiedergeben.

Dosis-Wirkungskurve am Kollektiv

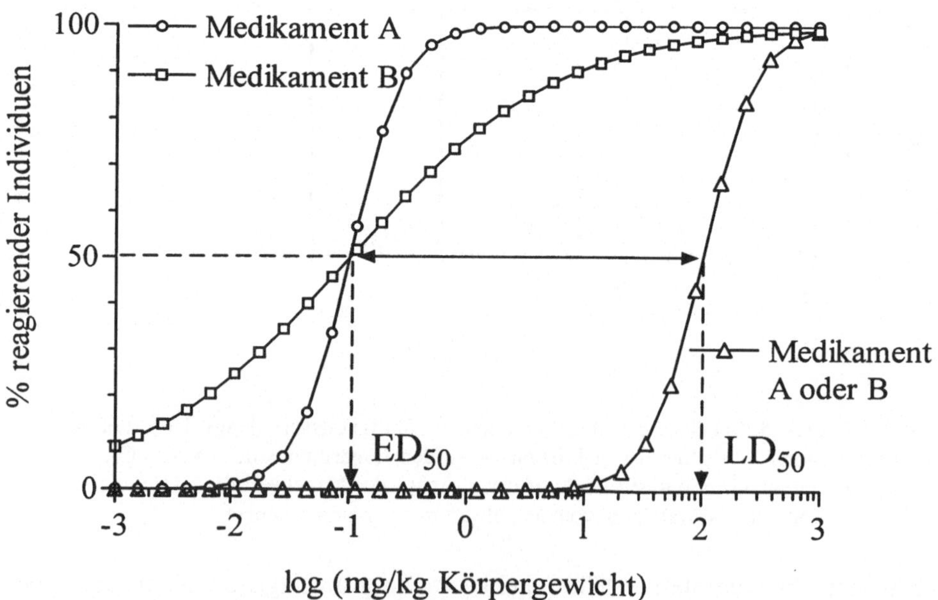

Abb. 37: Graphische Darstellung der therapeutischen Breite der Medikamente A und B. Gebräuchlicherweise wird der therapeutische Quotient als Verhältnis von LD_{50} zu ED_{50} angegeben. Für beide Medikamente A und B ist der therapeutische Quotient $LD_{50}/ED_{50} = 1000$, und der Abstand der therapeutischen Breite ist als Doppelpfeil dargestellt.

Die therapeutische Breite eines Medikamentes wird üblicherweise als Verhältniszahl von LD_{50}/ED_{50} ausgedrückt und als therapeutischer Quotient bezeichnet:

$$\text{Therapeutischer Quotient} = \frac{LD_{50}}{ED_{50}}$$

Je größer dieser therapeutische Quotient ist, um so sicherer ist die Anwendung des Medikaments. Dieser Wert ist also ein Maß für die therapeutische Sicherheit. In der Abbildung 37 ist für die Medikamente A und B der therapeutische Quotient LD_{50}/ED_{50} gleich einem Wert von 1000.

Anhand der kumulativen Dosis-Wirkungs-Kurven in der Abb. 37 kann man sich jedoch davon überzeugen, daß die therapeutische Sicherheit der Medikamente A und B nicht gleich sein kann. Der flache Kurvenverlauf des Medikaments B im Vergleich zu Medikament A deutet auf eine größere Varianz (Standardabweichung σ) in der therapeutischen Wirkung auf das Kollektiv hin. Dies schmälert die Sicherheit des Medikamentes B im Vergleich zu Medikament A ganz außerordentlich. In der Tat ist im therapeutischen Bereich, in dem etwa 90% der Tiere die erwünschte Medikamentenwirkung zeigen, schon der toxische Bereich erreicht, in welchem bereits die ersten Tiere sterben.

Die tierexperimentell ermittelte LD_{50} kann, mit sehr vielen Einschränkungen, natürlich nur als grober Hinweis für die mögliche Gefährdung durch ein Medikament beim Menschen dienen. Auf der anderen Seite wäre es aber unverantwortlich, ohne diese Orientierungshilfe direkt an Probanden oder in der Klinik an Patienten eine Dosisfindung zu betreiben.

Im Tierschutzgesetz nehmen Tierversuche einen breiten Raum ein. Danach benötigen Tierversuche eine besondere Genehmigung. Sofern sie durch bestimmte Gesetze und Verordnungen ausdrücklich vorgeschrieben sind, besteht jedoch nur eine Anzeigepflicht. Dies gilt im besonderen für toxikologische Untersuchungen zur Zulassung von Arzneimitteln.

Glossar

Affinität: Bindungsstärke.

Aktivierungsenergie: Der schwedische Chemiker und Nobelpreisträger Svante August Arrhenius 1859-1927 fand, daß Moleküle bzw. Reaktionsgruppen eine bestimmte molare Energie E_a aufnehmen müssen, um reagieren zu können. Diese Energie wird Aktivierungsenergie genannt und z.B. in kcal/mol ausgedrückt.

Å = Ångström: (Anders J. Ångström, schwedischer Physiker 1814-1874) Längeneinheit $Å = 10^{-10}$ m (m = Meter) oder 100 pm (p = Pico).

Azidose: Absinken des pH-Wertes im arteriellen Blut unter 7.35.

bakteriostatische Wirkung: reversible Fähigkeit einer chemischen Substanz, das Wachstum und die Vermehrung von Bakterien ohne Abtötung zu verhindern.

biliär: die Gallenblase betreffend oder über die Gallenflüssigkeit.

Cotransport: durch ein Transportsystem vermittelter gemeinsamer Transport von zwei oder drei Ionen (oder Molekülen).

Cytochrom-P-450: Hämgruppe-enthaltendes Protein des Fremdstoffwechsels; katalysiert oxidative, reduktive und hydrolytische Reaktionen.

Da = Dalton: (John Dalton, engl. Physiker 1766-1844) Ein Dalton ist definiert als 1/12 der Masse eines ^{12}C-Atoms und entspricht somit dem Molekulargewicht, welches in analoger Weise als das Verhältnis der Partikelmasse zur atomaren Masseneinheit angegeben wird.

Diabetes mellitus: Zuckerkrankheit; Stoffwechselstörung, bei der aufgrund eines relativen oder absoluten Insulinmangels die Glucosekonzentration im Blut und die Glucoseausscheidung im Urin ansteigt.

ED$_{50}$: „Effektive Dosis oder Einzeldosis"; diejenige Konzentration, bei der 50% der Individuen eines Kollektivs eine pharmakologische Wirkung zeigen.

Erythrozyten: rote Blutkörperchen, rote Blutzellen.

Gastrointestinaltrakt: Magen-Darm-Trakt.

Glomerulum: Kapillarknäuel jedes einzelnen Nephrons, in dem die Ultrafiltration des Harns erfolgt.

Kapillaren: feinste Blutgefäße ohne Muskulatur, Haargefäße $\varnothing$ 6-20 μm.

LD$_{50}$: „Letale Dosis"; Konzentration einer Substanz, die zum Tod von 50% der exponierten Versuchstiere führt.

Mikrosomen: bei der Zellfraktionierung aus dem endoplasmatischen Retikulum entstehende kleine Membranvesikel.

Muskelendplatte (motorische Endplatte): Endplattenregion an der Muskelzellmembran mit Acetylcholinrezeptoren und Acetylcholinesterase.

Nephron: funktionelle Einheit der Niere, bestehend aus Glomerulum und Tubulusapparat.

oral: per os, über den Mund.

Plasmide: in Bakterienzellen extrachromosomale, ringförmig angeordnete DNA-Stränge, auf denen bestimmte Eigenschaften, die meist einen Selektionsvorteil bieten, kodiert sind.

Resistenz: Widerstandsfähigkeit von Bakterien gegen Chemotherapeutika.

Somato-motorischer Nerv: ableitender Nerv, der Impulse aus dem ZNS für die Körpermotorik an die quergestreifte Muskulatur übermittelt.

Synapse: Umschaltstelle für die diskontinuierliche Erregungsübertragung von einem Neuron auf ein anderes oder auf das Erfolgsorgan (z.B. parasympathische und sympathische Synapsen, Ganglien- oder motorische Muskelendplatten-Synapsen).

Transmitter: Überträgersubstanz, Botenstoff.

Tubulus (Nierentubulus): Nierenkanälchen, proximales (im Verlauf früher liegendes) und distales (im Verlauf später folgendes).

ZNS (Zentralnervensystem): Gehirn- und Rückenmarksnervensystem im Gegensatz zu den peripheren Nerven.

Literatur

Buchheim, R.: Lehrbuch der Arzneimittellehre. 3. Aufl.
Leipzig: Verlag von Leopold Voss 1878

Ebel, S.: Synthetische Arzneimittel.
Weinheim, New York: Verlag Chemie 1979

Forth, W., Henschler, D., Rummel, W., Starke, K.:
Allgemeine und Spezielle Pharmakologie und Toxikologie. 7. Aufl.
Spektrum Akademischer Verlag 1996

Fuhrmann, G. F.: Allgemeine Toxikologie für Chemiker,
Einführung in die Theoretische Toxikologie. 2. Aufl.
Stuttgart, Leipzig: B.G. Teubner Verlag 1999

Ganong, W. F.: Lehrbuch der Medizinischen Physiologie. 4. Aufl.
Berlin, Heidelberg, New York: Springer-Verlag 1979

Goodmann and Gilman's: The Pharmacological Basis of Therapeutics. 8. Aufl.
New York, Oxford, Beijing, Frankfurt, Sao Paulo, Sidney, Tokyo, Toronto:
Pergamon Press 1990

Goldstein, A., Aronow, L., Kalman, S. M.: Principles of Drug Action.
2nd Edition. New York, London, Sydney, Toronto: J. Wiley & Sons 1974

Höber, R.: Physikalische Chemie der Zelle und der Gewebe. 6. Aufl.
Leipzig: Verlag von Wilhelm Engelmann 1926

Koolmann, J., Röhm, K.-H.: Taschenatlas der Biochemie. 2. Aufl.
Stutgart, New York: Georg Thieme Verlag 1998

Kuschinsky, G., Lüllmann, H.:
Kurzes Lehrbuch der Pharmakologie und Toxikologie. 13. Aufl.
Stuttgart, New York: Georg Thieme Verlag 1993

Levin, L.: Die Gifte in der Weltgeschichte. 2. Aufl.
Hildesheim: Gerstenberg 1983

Loew, D., Heimsoth, V., Kuntz, E. Schilcher, H.: Diuretika. 2. Aufl.
Stuttgart, New York: Georg Thieme Verlag 1990

Lüllmann, H., Mohr, K., Ziegler, A.: Taschenatlas der Pharmakologie. 3. Aufl.
Stuttgart, New York: Georg Thieme Verlag 1996

Marquardt, H., Schäfer, S.G.: Lehrbuch der Toxikologie.
Mannheim, Leipzig, Wien, Zürich: B.I. Wissenschaftsverlag 1994

Meyer, H. H., Gottlieb, R.: Die Experimentelle Pharmakologie. 2.Aufl.
Berlin, Wien: Urban & Schwarzenberg 1911

Michaelis, L.: Die Permeabilität von Membranen.
Die Naturwissenschaften, 14. Jahrgang, Heft 3, 33 - 42, 1926

Mutschler, E.: Arzneimittelwirkungen. 7. Aufl.
Stuttgart: Wissenschaftliche Verlagsgesellschaft mbH 1996

Rietbrock, N., Staib, A. H., Loew, D.: Klinische Pharmakologie. 3. Aufl.
Darmstadt: Steinkopff Verlag 1996

Rote Liste: Arzneimittelverzeichnis BPI, VFA, BAH und VAP
Aulendorf/Württ.: ECV Editio Cantor 1999

Roth, H. J., Fenner, H.: Arzneistoffe,
Struktur-Bioreaktivität-Wirkungsbezogene Eigenschaften.
Stuttgart, New York: Georg Thieme Verlag 1988

Speckmann, J., Wittkowski, W.:
Bau und Funktion des menschlichen Körpers. 19. Aufl.
München-Berlin: Urban und Schwarzenberg 1996

Stein, W. D.: Transport and Diffusion across Cell Membranes.
San Diego, New York, Berkeley, Boston, Sydney, Toronto:
Academic Press, Inc.1986

Steinhausen, M.: Medizinische Physiologie. 4. Aufl.
München: J. F. Bergmann Verlag 1996

Stryer, L.: Biochemistry. Fourth Edition.
New York: W.H. Freeman and Company 1995

Voet, D., Voet, J. G.: Biochemie.
Weinheim, New York, Basel, Cambridge: VCH Verlagsgesellschaft 1992

Stichwortverzeichnis

Hauptmann
Starthilfe
Chemie

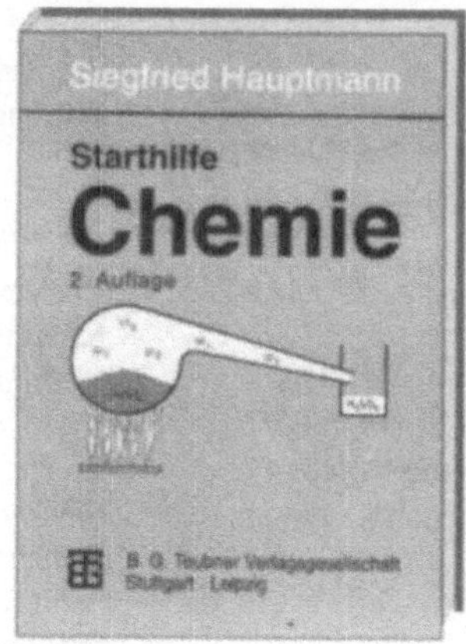

Von Prof. Dr.
Siegfried Hauptmann
Leipzig

2., durchgesehene Auflage. 1998.
112 Seiten mit 22 Bildern.
16,2 x 22,9 cm.
Kart. DM 19,80
ÖS 145,– / SFr 18,–
ISBN 3-519-00231-0

Die »Starthilfe Chemie« dient dazu, den Übergang von der Schule zur Hochschule zu erleichtern und auf das Studium umfangreicher Lehrbücher vorzubereiten.

Im Vordergrund der Darstellung steht die allgemeinverständliche Erläuterung des Denkmodells der Chemie: Die Aufdeckung von Zusammenhängen zwischen makroskopisch beobachtbaren Phänomenen in der uns umgebenden Natur oder bei Experimenten im Laboratorium und submikroskopischen Strukturen von Atomen, Molekülen und Ionen.

Das Buch wendet sich vor allem an Schüler, an Studienanfänger, für die Chemie als Nebenfach obligatorisch ist, z.B. in den Studienrichtungen Physik, Biologie, Biochemie, Pharmazie, Medizin, wie auch an Studierende der Chemie und an Lehramtskandidaten.

Preisänderungen vorbehalten.

B. G. Teubner Stuttgart · Leipzig